零事故

安全精细化第一准则

刘寿红◎著

全国百佳图书出版单位

时代出版传媒股份有限公司

安徽人民出版社

图书在版编目（CIP）数据

零事故：安全精细化第一准则 / 刘寿红著. —合肥：安徽人民出版社，2015.4

ISBN 978-7-212-07986-4

Ⅰ. ①零… Ⅱ. ①刘… Ⅲ. ①安全管理 Ⅳ. ①X92

中国版本图书馆CIP数据核字(2015)第051211号

零事故：安全精细化第一准则

LINGSHIGU: ANQUAN JINGXIHUA DIYI ZHUNZE

刘寿红　著

出 版 人：胡正义
责任编辑：任　济　王大丽
封面设计：王建敏

出版发行：时代出版传媒股份有限公司 http://www.press-mart.com
　　　　　安徽人民出版社 http://www.ahpeople.com
　　　　　合肥市政务文化新区翡翠路1118号出版传媒广场八楼
　　　　　邮编：230071
　　　　　营销部电话：0551-63533258　0551-63533292（传真）
印　　刷：北京凯达印务有限公司
　　　　　（如发现印装质量问题，影响阅读，请与印刷厂商联系调换）

开本：670×960　1/16　　　印张：15　　　　字数：220千
版次：2015年4月第1版　2015年4月第1次印刷

标准书号：ISBN 978-7-212-07986-4　　　　定价：32.00元

P前言
reface

人对了，世界就对了

在全国各地上精细化管理课的过程中，很多企业领导都这样要求："刘老师，你能不能把精细化管理与安全生产结合起来讲，这样既为精细化管理找到了一个实实在在的落脚点，又可以帮助企业推动迫切需要解决的大问题，因为，安全工作大似天！"

企业的需求就是我最大的任务，更是我义不容辞的责任，我毫不犹豫地尽力去尝试。

于是《精细化管理与安全生产》这门课程就产生了。为了上好这门课程，我尽全力投入到安全管理的研究中去。琢磨多了，思考多了，就有了很多的感悟、体验。过去十多年企业工作的底蕴，使我的这些理解很容易就形成了一定的体系。于是，我有了写一本安全方面书籍的冲动。只是这种想法还不够强烈，还没有到立即就动手的程度。

后来在不断讲《精细化管理与安全生产》的时候，很多企业人士都和我说："刘老师，建议你把上课的内容好好梳理一下，写一本安全方面的书，企业现在特别需要能够上手操作的书。"禁不起大家的鼓励，我于是拿起已搁置了一段时间的笔。

从哪个方面入手呢？在我这样思考的时候，《精细化管理与安全生产》课程中的一个小环节迅速跃上了脑海："零事故——安全精细化管理第一要求。"对，书名就叫《零事故》。

产生了这个想法之后，我立即与精细化管理首倡者汪中求老师、博士德知识传播机构总经理朱新月先生商讨这件事，他俩一致对我这个想法表示支持。

后来，朱新月先生还两次和我一块去日本，就零事故安全管理与日本相关机构交流、探讨。把他们开展零事故活动一些比较成熟的思想、体系引入，并与中国企业的实际相融合，于是才产生了本书的基本结构、框架。

本书的基本体系可以用两句话概括：

第一句，风险预防是安全管理的主要手段，而风险预防立足于超前、全员。

第二句，安全的基础在于员工安全意识的提升，而安全意识的提升在于卓有成效的活动。

首先看第一句话，超前、全员的预防是一个"技术活"。对此，我在书中理出了一个体系。从流程上控制风险解决的是线上的问题，着眼点于岗位与岗位、部门和部门之间的衔接配合所产生的疏漏；从程序上控制风险处理的是点上的麻烦，去除的是单岗位工作过程所积聚的失误；从制度上控制风险阻断的是面上的纰漏，解决的是体系上的违规违纪所引发的偏差。用一句话概括，即流程控线，程序盯点，制度管面。点、线、面结合构建了一个立体的风险预控体系。

再来看第二句话，风险控制手段是一个点、线、面织就的网，是一个立体的控制，应该说是一种很精细、非常到位的控制。

但百密总有一疏，肯定还有管束不到的地方。用什么来弥补这些不足呢？只有也仅有员工的安全意识，或者换句话说只能依靠具有高度安全意识的员工，用他们的主动、自觉、践行来填补角角落落的空白。

礼拜天将近，牧师却还没有想好演讲的主题。他坐在书房里绞尽脑汁，他年仅6岁的儿子彼得在周围跑来跑去，让他无法集中精神思考。为了摆脱这个小讨厌鬼，牧师灵机一动，从书架上取下一本画册，翻到世界地图那页，将其撕成碎片，然后对儿子说："彼得，如果你能把这张地图拼出来，我就给你一美元。"

彼得捧着一把碎屑蹦蹦跳跳地出去了，牧师心想，这下终于可以安下心来思考讲道的主题啦。不料彼得很快便跑进书房，喊道："爸爸，我把世界地图拼出来了。"看着儿子手里那张拼得整整齐齐的世界地图，牧师暗自惊讶。此时儿子道出自己的秘密，原来世界地图的背面是一张人头像。他把人头像拼出来了，世界地图也就拼出来了。彼得得意地说："你看，人对了，世界就对了。"

"人对了，世界就对了！"这便成了牧师苦苦寻觅的演讲主题。

是呀，人对了世界就对了，只有人对了世界才能对，事也才能对。

安全管理更是如此，成与败、得与失全在于万物之灵——人。具有较高安全素养与技能的员工是企业安全大厦的基石。而员工安全素养与技能的提升需要有效的方法、手段。

借鉴日本零事故管理开展的经验与教训，在本书的最后部分，我着力介绍了在零事故管理中常常开展的八个活动。这些活动的有效开展是提升员工安全素养与技能的不二法门。

当我们有了强大的超前风险预控体系，当我们有了一大批安全意识强、安全技能高的员工队伍，当我们上下一心，内外联动，零事故一定不是目标而是现实！

刘寿红

2014年冬

目 录
Contents

第六章

"行为零缺陷、安全零事故"

第一章

"零事故、零伤害"不是梦想，更不是奢望

有这样一个故事，不，应该是一个案例。

某年某月某日，曾有一位煤矿矿长向集团公司要死亡指标（过去我们常有百万吨死亡率的说法），集团公司董事长一听，当场就毛了，拍着桌子质问道："你要死亡指标究竟想给谁？是给你还是给你兄弟？"不经意间，这件事就像一阵风一样在集团公司传遍，一度成为该公司的"头条"，在该公司广大干部职工中引起了强烈震动、反响。经过公司上下广泛深入的讨论，得出了这样的共识：

（1）干煤矿完全可以不死人，管得好就能不死人；

（2）真把职工当兄弟，就不该想着给他们留死亡指标；

（3）事故是可防可控的，措施落实到位不出事故是完全可能的。

我们常说，"管理上多一点失误，生产中多一个事故"。安全说到底就是管理问题，它取决于两点：一是管理人员的责任管理，二是员工的自我管理。

管理人员要"尊重"生命，员工应"自重"生命。因为工作场所本身没有绝对的安全，人员的行为决定事故是否发生，管理最终决定人员的行为，这是一个自上而下的过程。

这个案例是对零事故最中国化的解释，同时也是最到位的解释。

一、从零开始，向零迈进

在企业经营中，或是在大大小小、各级各类部门管理中，我们总是追求生产更多的产品，销售更多的产品，取得更多的工作成果，创造更多的财富。

因为数字的增加就意味着更多的利润、业绩，以及更高的成功、荣誉、地位。然而，在安全管理领域，却有越来越多的企业看重零，并把零作为追求的终极目标。

所以，这样一句话就作为响亮的口号，被一次又一次地提起：从零开始，向零迈进！

安全事故，让企业损失财产，让管理者流泪，让员工流血，甚至失去生命。事故，不是天灾，也可以说不是人祸，因为没有一个管理者，没有一位员工愿意看到事故的发生，绝大多数是疏忽、侥幸。一个不小心，一个麻痹，某一个管理环节上细微的疏漏，紧随着的可能就是惨烈的灾难。

事故，就像一个幽灵，虽然无处不在、无时不在，但它仅仅会缠住安全管理不精细的企业和员工。

事故，并不是不可避免的。

世界第三大产煤大国——澳大利亚，三年、四年不因工伤事故死人是稀松平常事。不仅如此，他们好多大矿，甚至连续一年、两年、三年，都不发生需要休息三天的轻伤事故。我国兖矿集团的南屯煤矿，也曾创造过近3000万吨，八年零三个月不死人的纪录。

零事故管理就是通过一系列的手段，消除细微的疏漏，包括管理上和操作上的，通过零过失达成零事故的最终目标。

杜邦公司把安全目标确定为零伤害、零疾病、零事故。BP公司在它的HSE管理中确定了"六个零"的管理目标，其中核心的四个是：死亡事故为零、损失事故为零、可记录事故为零、火灾事故为零。

越来越多的跨国企业不约而同地把安全目标锁定为零。

同样，国内也有越来越多的企业把零事故作为安全管理的最高追求。这是从企业最高层到普通员工都孜孜以求的目标。当这一目标阶段性实现的时候，企业员工往往会奔走相告，甚至是喜极而泣！

一次，我在国内某大型企业内训，刚好是12月底，这家企业一个二级单位一年之内无任何事故。岁末那天晚上，没有哪一位领导号召，很多员工都主动自发地来到单位庆贺，并拎上自家最好吃的东西与大家分享。美酒，祝语，人声鼎沸，场面十分壮观，人人欢欣鼓舞！

为什么？没有发生任何事故，是全体员工努力的结果，更是从管理层到最普通员工都欣喜异常的一件事。因为没有事故就意味着一年之内都平平安安，全员从身体到财产均无任何损失。

这难道不是最值得庆贺的一件事情吗？

零事故是侥幸的偶然，还是通过上下同心和努力可以实现的目标？

相信读者朋友们很多是驾驶员，下面的案例各位一定能心领神会，品味出其中蕴含的平凡中的伟大。针对上面的问题，下面的案例可以给予我们正面的回答!

英国99岁的老人乔治·格森最近以惊人的"84年零事故"当选英国"最安全司机"。

他15岁时就考取驾照,1年后,他花了2.5英镑购买了自己的第一辆汽车——一辆蓝色的威利斯越野。在随后长达84年的驾车生涯中,格森先后拥有过数十辆轿车和摩托车,驾车行程近100万英里(约合160万公里),却从来没收到过一张罚单,也没制造任何车祸事故。

如今,99岁高龄的格森仍在坚持开车,每天他都要亲自驾车到商店购物,或去参加当地老年人社团举办的各种活动,驾车外出已经成为他生活中必不可少的一部分。

创出如此骄人的业绩,但他的安全诀窍却很简单:牢记"安全第一"的座右铭,小心翼翼地遵守交通法规。

就像一位著名的日本安全管理专家说的那样,安全说复杂就复杂,说简单也简单,最重要的就是两点:

1. 穿戴好劳保用品。

2. 严守操作规程!

全球安全管理的标杆性企业——杜邦公司有业界人人皆知、非常著名的十大安全理念:

1. 所有安全事故都可以预防。

2. 各级管理层对各自的安全直接负责。

3. 所有危险隐患都可以控制。

4. 安全是被雇佣的条件之一。

5. 员工必须接受严格的安全培训。

6. 各级主管必须进行安全审核。

7. 发现不安全因素必须立即纠正。

8. 工作外的安全和工作中的安全同样重要。

9. 良好的安全等于良好的业绩。

10. 员工是安全工作的关键。

这十大安全理念人人皆知，核心就是一点——所有安全事故都可以预防，即只要你小心在意，任何事故皆可避免，至少从理论上是如此。

在这里我要插上一句话，那就是知易行难。被安全管理界奉为经典的这十大安全理念一点也不复杂，更不难理解，为什么很多中国企业却做不到呢？这的的确确值得我们反思。

比如第四条"安全是被雇佣的条件之一"，在我和很多企业人力资源管理人员、安全管理人员探讨这个问题时，听到的一致声音都是，这一条在实际招聘工作中是不可行的，原因不外乎是在极短的招聘时间内，管理人员无法鉴别、评价一个人的安全意识和习惯。

其实这说难也难，说容易就容易，我们完全可以在笔试、面试环节时就做好一定的设计，比如相关的测试题、相关的交流等。说某一件事情很难做，大抵的原因往往是人不愿去尝试，或者不愿去很用心地做。

我们常说工作有三种境界：用力做事、用心做事、用命做事，就看我们是在那一种状态下工作。这里的"用命做事"，绝不是指我们以生命为代价去达成工作目标（这也与本书零事故理念相悖），而是指工作时全身心投入的状态，只有这种专一的状态才容易有效果，才容易出成果。

第二个方式是，如果某个员工屡出安全问题，并且屡教不改，完全可以通过规章制度去处理他，最极端的就是开除（不雇佣）。这其实也是实现第四条的主要途径，不换思想就换人。

这牵扯到人力资源管理，与本书的范畴有点距离，还是回到主题上来。

"所有安全事故都可以预防"，倒过来说其实就是"零事故"。

这并不是一厢情愿的幻想，而是科学的结论，是杜邦公司在对从1912年以来发生的事件进行调查、统计、分析的基础上得出的。下面这个案例同样印证了这个判断。

煤矿是真正意义上的高风险行业，出事故的可能性非常大，但很多员工却通过自己的严管细抓，硬生生地将这种"可能"变为了"不可能"。

在川煤集团达竹公司小河嘴煤矿掘进专业线，就有这样一位不简单的班长，他16年如一日严抓安全，带领全班创造了连续16年安全生产"零事故"纪录，这个厉害的老班长，就是该矿掘进二队6班班长刘权。

针对这一问题，日本人是怎样看的呢？首先他们信奉一点——所有事故都是可以预防的，他们还更愿意相信，这一点绝不是白来的，它需要一个体系才能达成。

除了需要安全理念、零事故活动工具（三板斧）等红花打基础外，还要有质量控制活动（QC）、创造性问题解决方法（KJ法）等绿叶相配才行。这里面蛮有我们常说的"人防""技防""制度防"的味道。

在"三防"中，我认为"人防"是根本，"技防"为手段，"制度防"做兜底。

为什么这样说呢？因为设备是人操纵的，制度是靠人来遵守的，人是安全管理绝对的中心。

下面我们解析一个案例。

一天早晨，一家大型精炼厂使用了40年的焦化装置发生了一次火车出轨事故，导致焦化装置的炉架从人行横道跨过铁轨倒下，并砸出了一个1.5米深的坑。

工人们马上在铁轨两侧的人行道上设置了路障。由于焦化装置上的抽水机坏了，造成几小时以后这一区域到处流淌着滚烫的热水。

不久，工厂轮班时间到了，刚进厂的员工并没有得到口头或告示提醒，不知道焦化装置发生事故的情况，不知道在看似平静但却非常热的水下面隐藏着一个被砸出的坑。

有3名员工需从这一区域直接穿过。当他们走到了路障附近时，尽管他们都穿着及膝高的橡胶靴，但在看到水之后，还是有两名员工选择了绕行（安全意识高）。而另一名员工却不管不顾，径直跨越路障，在铁轨中间行进，随后扑通掉进齐腰深的滚烫的热水里，导致胸部以下严重烫伤。

一系列要素的综合作用导致了这一事件的发生。引发事故的是火车出轨和抽水机事故，这是不安全工作条件，是物的问题，随后就是一系列人的不安全行为了。

首先，仅仅设置路障不能确保安全，还应该有醒目的通知或留人值守；其次，受伤害员工跨越路障走向危险时，同伴们没有提醒、制止。

这是一个链条，打破任何一个节点，都能避免这次严重伤害事故的发生，可是……

在这个链条中，最容易打破的节点还是人的行为，仅仅一个通知、一个提醒，不需要任何成本。

所以，在安全管理中人是最主要的，员工是安全工作的关键。人防是预防事故最根本的手段。

从美国、日本以及国内众多企业的安全管理实践来看，零事故绝不是遥不可及的梦，而是可以实践、可以照着办的科学。

二、对零事故"说三道四"

零事故是目前最先进的安全管理体系。这一观点认为"所有事故都是可以预防的"，只要上下一心，采取科学的安全管理方式，"零事故、零伤害"的目标完全可以实现。

（一）安全事故为零

经过企业上下从一把手到最普通员工的多方努力，在一个比较长的时期内，企业不发生任何安全事故。

这是最理想的状态，但完全是可能的、现实的，是被很多企业实践所证明了的。

贵州电网公司安龙供电局截止到2014年年初，已安全生产2921天，连续8年无安全事故。这些成绩凝聚着安龙供电人2921天顽强的坚守，体现了全局上下同"违章、麻痹、不负责任"三大敌人作斗争的勇气、多路并进确保安全的决心，践行了公司一贯秉持的"一切事故都可以预防"的安全理念。

当然，他们有很多很好的做法（有兴趣的朋友可以自己上网查找），可以用三句话来概括：

（1）作业规范化、流程化、表单化。

（2）危害辨识、风险评估到位。

（3）制度严格，强力监督。

（二）安全事故几乎为零

企业发生少量较轻微的事故，但伤害程度、事故所带来的损失都在社会、企业、员工、员工家庭可接受的范围之内。这是零事故最常见的表现形式。

某外企某一年之内只发生一起非常小、也不严重的安全事故。事故是一个抽检女工在检查玻璃瓶时不小心划伤了一根手指。但该企业安全管理部门没有轻视，对这次事故做了严肃认真的处理：做事故分析，找出事故根源，提出预防办法，采取措施从根本上解决。

解决措施是改变了检查玻璃瓶的操作方法，这样就可以杜绝这类事故的再次发生。

这名女工检查的是一种玻璃瓶，原来的操作方式是可以用一只手，也可以用双手进行检查。这次事故发生后，企业规定必须用双手，而且方向朝外。

其实受伤女工的操作方法是标准的，而且这家企业以前从未发生过这种情况，这次只是个意外。不过为了预防事故，这家企业还是修改了操作规范。不但如此，这家企业还向国外的分公司通报了这起事故，提醒他们也做出调整。

从上述故事中可以看出，国外企业在安全管理上是细致和扎实的，不像我们少部分管理者那样，口头上说严肃认真，实际上无动于衷。

（三）安全事故率在向零无限接近

通过"零事故"这个安全管理最有力的抓手，企业、部门、班组事故的发生率在逐渐降低，无限接近于零。

意识决定行动，有什么意识，就会有什么行为。

某煤矿断层多，采煤工作面落差大，地质构造复杂，运输环节繁多，安全管理难度之大可想而知。过去这个矿在安全方面动了不少脑筋，想了不少办法，取得了一定的成效，但不大不小的事故及"三违"现象仍屡有发生。后来，他们一步步从体系上构建安全管理机制。

1. 树立"一切事故都是可以预防和避免的"（零事故）的理念

他们坚信，尽管受技术条件、认识水平的制约，一些事故的发生还不能准确、准时预测，但只要坚决遵循客观规律，坚决杜绝工作失误和管理缺陷，坚决实施超前预防和高可靠性预防，付出一万，以防万一，所有事故都是可以预防和避免的。

2. 用安全文化武装全体员工

班前会上面对全家福的安全宣誓，月月安全直通车，每年一次的安全幸福家庭评选，对全员进行的"四五级"联动安全培训，到下井必经的图文并茂的安全文化宣传中心、井下安全文化大巷，再到工作面现场的"五位一体"的安全确认、"手指口述"操作法，还有那被全矿上下广泛传唱的《安全之歌》，无不传递着浓郁的安全文化信息，使安全文化理念深植于每一个人的心中。

安全是干部最大的政治，安全是职工最大的福利，成为全矿干群的共识。

3. 用制度来规范班组的行为

结合实际，形成、完善、出台了《关于加强基层区队工班长管理的意见》《关于开展班组自主管理月活动的意见》《关于对优秀工班长、安全明星进行表彰的意见》《关于加强班组长安全生产建设的意见》等一系列独具特色的制度体系，明确了工班长的职责、权力、作用，确立了班组长在安全管理中的重要地位。

这些制度保证班组长抓安全有责、有权、有利，能激发起班组长、班组员工持久搞好安全管理的激情。事故90%以上都发生在班组，抓好了班组安全就等于抓好了全局。

通过这些举措，该矿安全事故数量大为降低，很多时候都接近于零。

该矿面对严峻的安全形势所采取的卓有成效的措施可以用一句话来概括，那就是确立"零事故"目标，坚定一定能达成这个目标的信念（理念），为任何可能发生的事故事先所做的准备（方法），采取一定的措施（工具），其目的只有一个，那就是杜绝任何事故的发生。

我们提倡任何一个管理方式在落地时必须是理念、方法、工具三位一体，这样拟定的目标才能真正实现，才不至于流于形式，才会不仅仅是一句口号！

该矿的实践证明了一个道理，那就是只要去追求，只要勇于追求，只要有智慧地勇于追求，就一定会有收获。

三、划小目标，渐进实现

随着时代的进步、社会的发展，以及企业自身的发展和员工素质的提升，"零事故"安全管理理念已被社会广泛接受，在各行各业的安全管理实践中被证明是最有效的安全管理方式。

2012年10月26日晚23点15分，随着MU5196航班平稳降落在青岛流亭国际机场，东航山东分公司的安全业绩揭开了新的篇章，创造了安全飞行19周年零事故的优异成绩。

2014年7月是黑色的世界民航月，8天里连发三场空难，但中国民航却"风景这边独好"。中国民航在零事故理念的指导下，近年安全事故极少发生，很多年份事故的发生率都为零，真正做到了"零事故"。

的确，在安全管理上我们确确实实应向国外管理较成熟的企业学习，但也不应妄自菲薄！我们也有自己的特点，也有独到的地方，也有具有比较优势的一面，民航就是一例。

其实，民航安全管理的诀窍也很简单，那就是把微小的事当天大的事做！

秉持零事故理念，向事故为零努力，我们的事故率就会无限低，实现真正的零事故目标一定是指日可待的事！

怎样才能达成安全无事故的目标呢？

这需要企业高层、中层、基层、一线员工步调一致地作艰苦的努力！下面看一个故事。

有一位禅师想去普陀寺朝拜，以了自己的宿愿。但是他所在的寺院距离普陀寺有数千里之遥，一路上不仅要遭受跋山涉水之苦，而且必须时刻提防豺狼虎豹的攻击。启程之前，徒弟们劝禅师放弃念头，禅师肃然道："老衲距普陀寺只有两步之遥，何谓遥遥无期呢？"

徒弟们茫然不解，禅师于是解释道："老衲先行一步，然后再行一步，就到达目的地了。"

每个人都有梦想，都渴望梦想成真，但成功往往像天边的彩云一般遥不可及，倦怠和不自信常常让我们怀疑自己的能力，很多人就此选择了放弃，只有很少一部分坚持不懈。其实，我们无需想太多，想着当下要做的事，然后竭尽全力去完成就行了。就像故事中的禅师那样，先走出一步，然后再走出一步，如此循环就一定能看到实实在在的效果，达成我们的目标！

企业或者部门通常的做法是把较长时期的目标划分成一个个较短期的目标，当短期目标一个个实现时，企业安全的大目标就水到渠成了。

俗话说，一口吃不出一个大胖子。路要一步步走，钱要一块块挣。

很多企业按照"零事故周""零事故月""零事故季度""零事故年"的计划循序推进。一直坚持下来，往往就是一千多天，甚至是很多年，实现了当初想也不敢想的目标。

在这一过程中，应该对员工采取一些激励措施，这样做有两方面的好处：一是给员工鼓鼓劲，激发大家天长日久搞好安全管理的激情；二是一种提醒，让员工时刻绷紧安全这根弦。

在激励措施方面，比如设置"百日无事故"竞赛活动，随着无事故天数的增加，奖励递增，到一定的时间兑现奖品；同时举行庆祝活动，例如外出聚餐、集体看电影、集体旅游等。

四、零事故管理的三大原则

（一）"零"的原则

1. 零事故应从零开始，向零迈进

这句话怎样理解呢？

我们最高的追求就是不发生任何事故，因此"向零迈进"大家一听就明白。那为什么说"从零开始"呢？

"零事故"的强大抓手就是不断发现风险、化解风险。"零事故活动"中的"零"，不仅是指死亡事故、休工事故为零，而且要求发现和掌握所有工作现场与作业中潜藏的危险、问题，以及全体员工日常生活中潜藏的风险，然后采取合适的措施化解这些风险，或把风险程度降低到目前可接受的程度（这种程度我们也可以理解为零）。通过这样的方式实现安全事故、职业病等在内所有事故为零的目标。

管不住事故，那就控制好风险。

这样一来我们就很容易理解了，只有从零（风险）开始，才能最终实现事故为零的目标。

那么怎样才能发现隐藏在角角落落中的风险，进而采取措施把风险降

到最低程度呢？

　　这不仅应有理念引导，更要有工具支撑。

　　中国石化某烯烃厂的HSE观察卡就是这样一种工具。

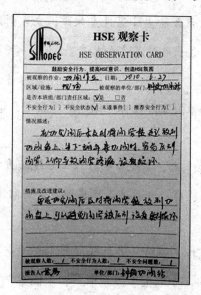

图1-1　HSE观察卡

　　HSE观察卡是该厂"关注行为，安全互动"安全文化推广活动的一项重要举措。该活动推广不到半年，就收集HSE观察卡2000余张，使物的不安全状态得到有效治理，人的不安全行为大大降低。"我要安全，我会安全"成为每位员工的共识。

　　HSE观察卡就是一张小卡片，分量很轻，却是员工能够即时使用的有效工具，尤其是把它与信息系统连在一起的时候，更让这件"武器"如虎添翼。凡是能够推广、生命力持久的工具都有一个特点——"小""巧""精"。

　　在中国石化这家烯烃厂，局域网上的问题管理系统中有一个HSE观察栏，随手打开一个条目，细看原来是仪表车间DCS班填写的一张观察记录，记录内容如下：

2013年1月5日8：45，裂解主控室工艺人员反映，电脑系统噪音较大，检查后发现是显示器除尘降温风扇故障，立即到库房领取备件，更新除尘降温风扇，消除了设备的不安全状态。

再点开一条，是苯酐车间操作工填写的观察卡，记录内容如下：

2013年11月19日10：30，发现分析操作工在现场采样时将防毒面具挂在脖子上，及时打招呼提醒，分析工表示感谢后戴好防毒面具。

开展安全管理工作，不能板着面孔说教，必须有工具、有载体，这样员工才容易上手操作，才不至于流于形式，上面案例中的HSE观察卡就是这样的工具、载体。

2. "零"是持之以恒的追求

安全生产观念向"零"转换是"零事故活动"的出发点，立足这个起点，全员才能通过不断努力和协作，一步一步向"零"迈进。

在这个过程中最需要两个字——坚持，还需要两个字——方法。

零事故体系说简单其实也很简单，就是确保不发生任何事故的决心和意志，以及相应的措施、办法。比如某煤矿董事长就说过这样一句掷地有声的话语——不要一两带血的煤。这句话既显示了他抓安全的决心，也一下子让他与16万员工的心紧紧贴在了一起。

该矿安全部门把"零事故理念"细化为三句话：安全工作零起点，执行制度零距离，出了事故零效益。这三句话大家都比较容易理解。值得我们借鉴的是他们为这些观念真正深入人心所付出的努力、所采取的具体方法。

为使"零事故理念"入目、入脑、入心，该矿采用如下方式对员工进行持续不断的引导、教育。除了标语、宣传栏、广播、班前班后会等日常工作形式，还在一线员工中广泛开展写"零事故安全理念"心得体会活动，员工要写好一篇体会，能够禁得起瞪大眼睛、仔细查看的管理人员的检查，确实不是一件容易的事，他必然要查资料，要与同伴们沟通交流，这样一来管理的目的就达成了。

该矿女工较多，安全管理部门与工会共同推出了一些举措助力安全管理。

他们利用女人细致、耐心的特点，充分发挥女职工的半边天作用，搞好了安全协管工作。比如组织女工为一线职工拆洗、缝补衣物和被褥，给员工创造一个舒适的工作环境；开展多种形式的"三违"（违章指挥、违章操作、违反劳动纪律）帮教到宿舍、到家庭，直至违规员工彻底转化，等等。

这些举动看起来都是小事情，但安全管理的成与败却往往正取决于这些琐碎的工作。因为小事情做到位了，员工们心气儿顺了，安全工作就有了坚实的基础，安全与和谐同在。

这些事情人人都知道，但知道与做到不一样，更与做好相差一大截！

在这个过程中坚持、不懈怠、不退缩，向着目标持续不断地努力是取得最终胜利的根本法宝。

在管理界有一个广为人知的关于荷花池的谜题。

有一个荷花池，第一天池塘中只有1片荷叶，但是荷叶的数量每天成倍数增长，第二天2片，第三天4片……假设在第30天时整个池塘全部被荷叶盖满，请问：在哪一天，荷叶只盖满池塘一半？

你可能回答第15天、第20天，结果都不对。

正确答案是第29天。

有点惊讶了吧！不错，这就是日积月累、滴水穿石达成的终极突破。其实，我们所设定的每一个目标、所从事的每一项工作就像荷花池，当你日复一日地做着重复工作时，可能会感到枯燥甚至厌烦，于是在第3天、第28天甚至第29天的时候选择了放弃，殊不知此时与成功也许只有一步之遥。很多时候，成功靠的不是运气或聪明，而是韧性。因此，在成功的路上不必急功近利，只要朝着正确的方向坚持不懈，每天都比前一天有一点突破、一点改善，就一定能够实现既定的目标。

（二）"事前预知预防"原则

所谓"事前预知预防"原则，是指为了实现零事故、零伤害的终极目标，创造安全、明快、活泼的工作岗位，必须在作业前发现、解决作业现场以及员工日常活动中潜藏的所有危险或问题，达到预防和杜绝事故与灾害发生的目的。"零事故活动"的本质就是关注极轻微伤害、未遂事故、事故隐患等所有危险信息，构建全员共同积极地发现、掌握和解决危险因素的"预防型安全文化"。这里要着重强调一点，那就是全员参与、全员发现，非如此不能确保安全。

发现了风险（预知）怎么办？

采取措施不让风险变成事故（预防）。

在中海壳牌有一个比较成熟的风险管理工具——安全屏障法，就是在风险和不良结果之间设置一道屏障，阻止安全问题的产生。

比如说在高处作业有坠落的风险，知道风险了，那么怎样去控制呢？

这时就要使用安全带、安全网等。有了这些安全屏障，从高处坠落造成伤害的现象就不会发生，大家都不愿看到的结果就不会出现。

安全屏障法要搞清楚几个问题：（1）需要哪些安全屏障去控制具体威胁？（2）目前是否具备这些条件？（3）当某一项安全屏障不具备条件实现时，应采取什么措施以提供相同等级的保护？（4）万一出现错误，需在哪里进行干预？（5）所有相关的员工在维护安全屏障时的具体职责是什么？

事前预知预防有时还需要"小题大做"。

我们以BP公司某分公司对安全带的使用管理为例，他们专门下发了关于使用安全带的专项文件，在公司网站上开了一个"安全带"专栏，开展了一系列形式多样的专项员工安全带使用活动等。

（三）"全员参加"的原则

"零事故活动"的"全员参加"概念很广，牵扯的人员众多。它主要指企业最高领导层、各级管理人员、专业安全人员、基层员工、承包商、供应商、员工家庭成员等所有与安全相关的人员。通过这些人的协作，分别从各自的岗位和立场出发，各负其责、各司其职，自主地发现、避免和解决现场与作业中的所有潜藏危险（问题），规避安全事故发生。

一把手的态度是决定性的。

在一个企业中，从上到下各个级别、各个部门的一把手（一直到班组长）对待安全的态度是至关重要的，尤其是企业第一把手更是起决定性的作用。因为只有各层级一把手高度重视，并亲力亲为地实践，下属才会真正重视，并付诸实施。

所以，一把手一定要做一个有感领导。所谓有感领导，就是要让员工时时处处感受到领导对安全的重视。

做好一个有感领导，最基本的要求就是两点：会上表态度、会下见行动。

字面意思很好理解，但在工作中实实在在做就不是很容易了。比如必须加班才能完工，而过多的加班会导致员工疲惫，容易产生安全问题。这两者摆在管理者面前时，如何取舍、平衡就成了问题。

基层员工的意识是关键的。

不言而喻，员工的安全意识是极其重要的，但也很简单，其核心只有两点：一是我要安全，二是我会安全。这其实都是老生常谈。但在很多企业中，有相当一部分员工在这些方面意识有所欠缺，直接导致了大大小小的事故接二连三地发生。

2012年2月10日早晨6点左右，江苏某建设公司在南京城东做管道清疏作业，某工人下井排除水泵故障，疑被沼气熏倒，现场监护人员两人相继下井施救，均被熏倒。后虽经全力施救，但因中毒较深，这三名员工还是因抢救无效死亡。

事故发生以后，各方面给出了很多说法。

管理方说井下作业，员工都是经过岗前培训的，熟知相关操作规程，但施工中他们却未按规程操作，没有按通风许可时间进行作业……

安监部门相关人员说，夏秋季是有限空间（空间相对密闭且狭小）作业最容易发生危险的时期，已经反复要求各单位作业时一定要先检测、先审批、后作业……

职前的岗位培训、相关部门的规定，我们从来就不缺这些，但为什么一线工人的安全还是不能得到保障呢？

原因当然很多，但最重要的只有一点，这些作业人员缺乏保护自己的意识和能力。安全培训并没能入脑入心，就像一阵风，刮过就无影又无踪。

我们可能想当然地认为这些工人对安全操作标准完全掌握了，但实际上，很多时候他们真的不懂，不懂什么情况下井下沼气浓度太高，不知如何规避这些危险，结果工友们只得慢慢摸索经验，用鲜血甚至生命来换经验。还有一点更要命，那就是侥幸心理，为了快点干活，为了多赚些钱，一线员工往往愿意顶着"高压线"作业，明知山有虎，偏向虎山行。在这种情况下，一旦发生安全事故，就会带来十分严重的后果。

下面是密闭空间作业常识，希望对读者有所帮助。

1. 什么是密闭空间

任何受到限制的出入口空间或者通风状况较差的区域，都属于密闭空间。例如大水箱、水塔、下水道、水井、油罐（槽）车的内部空间，船的底舱，以及盛装物品的筒仓等。

2. 密闭空间作业的危险性

密闭空间作业都存在相当的危险性。密闭空间发生安全事故往往有两个特点：一是来得快，二是觉察难，即不知不觉中很快就发生了。导致事故发生的原因主要有以下两种：

（1）因为缺氧而导致窒息死亡，当空气中氧的浓度小于6%时，人会在几分钟内死亡。

（2）直接吸入一定量的一氧化碳、硫化氢等有毒有害气体，造成中毒死亡。

3. 密闭空间作业注意事项

（1）不要主观认为没有危险而盲目进入密闭空间。正常情况下，员工必须请示管理者并获得批准，再经适当的方式检测，确认无任何危险后，才可进入。例如，可以放入一只小白鼠或小鸟等小动物到密闭空间探路。如果这些小动物能够在密闭空间内活着回来，就证明密闭空间内氧的含量适中，有毒气体的含量不超标，此密闭空间是可以进入的。否则就一定不要进入，以免发生危险。

（2）在密闭空间里作业，至少两人一组，其中一人进入密闭空间作业，另一人守在外面，同时要保证和密闭空间作业的人员相互看得见或听得见，以便在发生紧急情况时可以采取适当的救护措施。

（3）为了慎重起见，进入密闭空间作业的人员最好配备氧气呼吸器或者防毒面具等个人防护装备。

一句话，在密闭空间作业时一定要谨慎，需事先办理进入手续并做好准备工作。

这些常识，是否每一位员工都理解、掌握了呢？

怎样才能让每一位员工都掌握必需的安全常识呢？必要的宣传和普及是必要、必需的。采用图文并茂的方式，应该是比较适合的，因为这样的形式员工较容易接受。我们常常说安全教育要入脑入心，怎么个入脑入心法？形式好也是一个关键点。因为喜闻乐见的东西，员工才容易认准、看清、记得牢。

一线最广大、最普通员工安全意识的培养和提升，是企业开展零事故管理最重要的工作之一。

员工家庭成员的观念是坚强后盾。

员工穿上工装是职业人，脱下工装就是社会人。

员工的情绪、心态受到多种多样工作之外的因素影响，而员工的情绪、心态又与工作时的心境息息相关，最终这一切都与安全有不可分离的联系。人所共知，在诸多影响因素中家庭是第一位的。

如果员工情绪恶劣，不仅自己分心走神，还会造成情绪污染，影响同事们的心情，破坏整体安全生产氛围。

有位电网公司外线电工，一上班就拉长个脸，凶巴巴的，好像谁欠了他5400块钱8年不还且不承认有这回事似的。

班长问他："是不是不舒服了？如果身体不舒服了，就休息一下，不要到线上去了。"

可这位先生把眼一瞪："谁说我不舒服了？你才不舒服呢！"

班长看他没有太大不正常，也就不再说什么了。

看这人连在班长面前都要横，就没有谁再自找没趣了。在爬电线杆时，他没有系好安全带，从电线杆上摔了下来。

同事们七手八脚地把他送到医院后，班长赶忙给他妻子打电话，刚说"你丈夫住院了……"电话里就传来了一个火气很大的女人的声音："他是死是活和我没关系！"然后电话就挂断了。

众人都很诧异，这女人怎么能说出这样的话？

刚过了一小会儿，班长的手机就又响了，还是那个女人打来的："是真是假，是不是他让你们骗我的？"

班长告诉她，她丈夫是在登杆时摔伤了，刚刚送到医院。

"怎么会……都怪我呀……"电话那头传来女人的抽噎声。

教育、引导员工家庭成员注意职工的衣食住行，尤其是不要过分刺激员工，让员工保持一个好的心情，这对安全是至关重要的。

很多企业还有更高明的做法，那就是直接把员工家属纳入到安全生产管理体系中来，比如聘她们为安全协管员等。有了这个头衔，家属们都自觉不自觉地按照新的标准要求自己。自己不是局外人，而是安全当家人，承担着义不容辞的职责。比如一家企业在安全"必知必会"培训期间，很多家属把"必知必会"的答题内容写在纸上，挂在门口醒目的地方，随时提问自己的爱人，自觉当家庭教师，让爱人尽快学会"必知必会"内容，达到安全培训要求。

如果把零事故安全管理比作一场战役，那么最广大人员的参与是取胜不可或缺的前提，其中家属们更是责任重大！

本章练习

练练笔：填几个空，安全工作就会有新思路。

通过本章的学习我收获了以下几点：

1.＿＿＿＿＿＿＿＿＿＿＿＿＿＿＿＿＿＿＿＿

　＿＿＿＿＿＿＿＿＿＿＿＿＿＿＿＿＿＿＿＿

　＿＿＿＿＿＿＿＿＿＿＿＿＿＿＿＿＿＿＿＿

2.＿＿＿＿＿＿＿＿＿＿＿＿＿＿＿＿＿＿＿＿

　＿＿＿＿＿＿＿＿＿＿＿＿＿＿＿＿＿＿＿＿

　＿＿＿＿＿＿＿＿＿＿＿＿＿＿＿＿＿＿＿＿

3.＿＿＿＿＿＿＿＿＿＿＿＿＿＿＿＿＿＿＿＿

　＿＿＿＿＿＿＿＿＿＿＿＿＿＿＿＿＿＿＿＿

　＿＿＿＿＿＿＿＿＿＿＿＿＿＿＿＿＿＿＿＿

4.＿＿＿＿＿＿＿＿＿＿＿＿＿＿＿＿＿＿＿＿

　＿＿＿＿＿＿＿＿＿＿＿＿＿＿＿＿＿＿＿＿

　＿＿＿＿＿＿＿＿＿＿＿＿＿＿＿＿＿＿＿＿

经过对比，我们企业、部门目前安全工作中还存在以下几点不足：

1.＿＿＿＿＿＿＿＿＿＿＿＿＿＿＿＿＿＿＿＿

_____

_____

2._____

_____

_____

3._____

_____

_____

在现有条件下，我们立即能做好的是：

1._____

_____

_____

2._____

_____

_____

第二章

从流程上控制风险
——零疏漏才能零事故

一、避免漏项，消除误差——安全工作流程化

一次我在陕西四方金矿讲授精细化管理与安全生产课，在讲到流程管理这一部分的时候，矿山部杨矿长现场与我互动，研讨了很多问题，课程结束的时候他还意兴盎然，邀请我晚上去矿现场，看一下他们的两个安全管理流程。

我欣然坐上了他的车子，一路逶迤而行，闻着沁人心脾的花香，听着不知名虫儿的歌唱，矿山部现场转瞬即到。

有两个流程就张贴在办公室正面的墙壁上，很醒目，即使是夜晚，在路灯的映照下，也看得很清晰。

左边是职工违章行为处理流程，较详细地对员工违章及其处理进行了界定，最为核心的地方是矿山部把违章行为分为四类，并设计了不同处理方式。

一般违章：由发现人现场纠正并登记警告。

严重违章：由发现人登记，指令停止作业，分管安全领导谈话，并罚款；两次以上停工教育7天，罚款加倍，同时追究共同作业人员同级别经济责任。

特别严重违章：停工教育7天，由矿山部经理谈话，经济处罚取同档2倍，共同作业人员按本档金额处罚。

屡教不改：除按高限处罚外，予以清退。

据杨矿长介绍，因为事关安全大局，所以公司一直以来都对违章行为严抓不懈，因此不同层级的管理人员都随时随地在作业现场巡视、处理。由于过去没有统一规范的管理规定，每一个管理人员都按照自己的方式处理，容易出现政令不统一。比如，同样类型的违章，张总是一个处理方式，李部长又是一个处理意见。因为标准不统一，处理的轻重程度就会有较大差距。这样员工就会想不通，感觉不公平，好像是对人不对事，产生了相当负面的影响，造成了干群关系的紧张。

通过这个流程，矿山部规范了违章行为处理，再据此对管理人员进行培训，要求管理人员处理违章时严格遵守该项规定，以达到精细化管理的一个最基本要求：不同的人做同一件事不走样，同一个人在不同的时间段做同一件事不走样。

下面是矿山安全隐患检查整改流程，如图2-1所示。

这个流程并非尽善尽美，里面还有有待完善的地方，但有两个比较有特点的地方。

一是在每一个关键节点都有很细化的设计。比如在项目部提交整改方案这一环节就明确规定了方案内容——整改具体方法、安全保障措施、整改责任人、完成时间、整改检查人等。

这样细致的规定能确保项目部所出示的方案是翔实、有效、到位的，避免了因方案笼统、空泛而导致整改措施不力。

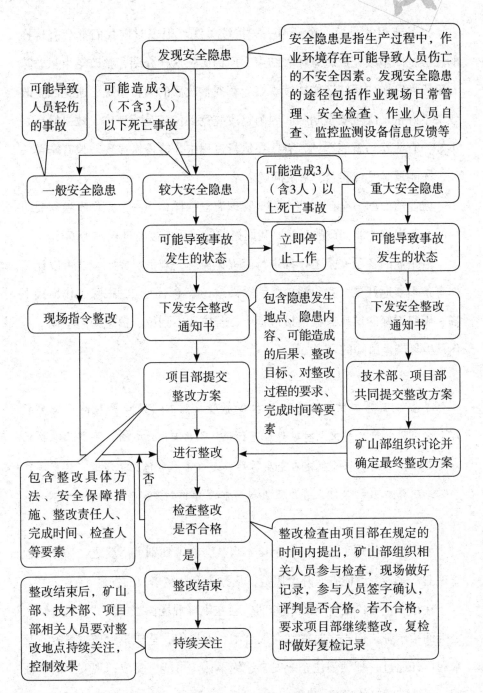

图2-1　矿山安全隐患检查整改流程

二是流程的最后一个环节——持续关注。很多时候我们都会有这样的想法，即整改完成就意味着结束。但杨矿长这样介绍，整改结束只意味着阶段性完成，后续还应持续观察、掌握整改后的运行情况，避免因整改效果不好带来次生安全问题。因为整改究竟到位还是不到位，效果好还是不好，有些立马就能看见，有些在运行过程中才能慢慢显现。只有密切关注，才能及时发现问题、解决问题。

就像前面四方金矿的两个安全管理流程一样，当一个工作事项需要跨部门、跨岗位才能完成的时候，我们把这一前后衔接的过程称为流程。

对企业的各项安全工作都进行流程化梳理、规范、界定，才可以让工作有条不紊地开展，避免漏项，消除误差，禁绝不到位，根除工作衔接不畅、规避不好的结果。在衔接过程中，若协调不到位、信息沟通不畅，工作是极易产生风险的。

某企业上料工段的石膏破碎机弧形壁板压条出现生产故障，需要补焊。公司维修班安排工人对破碎机进行维修，当日13时40分，一名当班工作人员在未完全确认破碎机是否完成修理、是否有人的情况下签送"送电工作票"，破碎机启动工作，导致正在破碎机里维修的2名工人当场死亡。

如果流程管理不善，一个衔接不当就会伤害到别人。反之，如果流程管理非常完善，就能有效降低风险，从源头上杜绝事故的发生。

在很多企业，设备/系统检修时，会在维修现场树立一块"禁止合闸"之类的指示牌，但很多时候却会误合闸、误操作，造成重大伤害事故。某水泥厂却通过一把锁锁住企业安全，绝不让"可能"变成"现实"。下面看一下他们的具体做法。

该企业安全管理非常规范，当主管人员判定某台设备/系统需要停机检修时，首先通知有资质的人员对设备/系统进行隔离或锁定。

锁定之前需确认以下几个问题：正在运行的设备是否停止了？容器中的介质是否被完全释放？暴露带电的部分是否已经全部断电并绝缘处理……只有当事关安全的所有问题都被确认后，授权人员才可以进行锁定，锁定程序进行完毕后，相关人员才允许进入划定的工作地点。

由符合资质的人上锁、使用合格的锁、一把钥匙一把锁……安全就在这些细节中体现。

同时，管理人员对锁进行标签标注，标注的内容包括"用锁的时间、日期、锁定的原因、责任人"等，这样一目了然，有关人员可以据此了解此次用锁的全貌。

锁+标签，为作业拉上了一道显著的"警戒线"，同时还是一个温馨的提醒：有工友在工作，我们务必要保证他们的安全。

特定或应急工作完成后，开锁同样不容半点马虎。在确认了工作区域内工作已经结束、区域内的工作人员已撤离后，上锁的人方能将锁打开，并取下标签，存档备查。通知所有相关人员，设备/系统已经恢复正常工作状态，可以启动作业，将已完成"使命"的锁放回原处。这时，一次锁定的程序才算全部执行完毕。其流程如图2-2所示。

企业安全管理无小事，大大小小的工作事项都要事先确定次序、步骤，然后循规而动、按部就班。

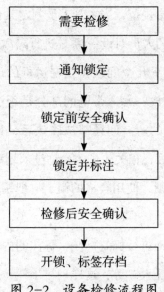

图 2-2　设备检修流程图

　　图2-3所示的企业重大危险源辨识管理流程就对企业的重大危险源工作给予了很好的界定，照此开展工作就能确保重大危险源辨识工作各负其责，不出差错地开展。

　　A. 重大危险源安全主管对整个公司系统与生产加工过程进行调查研究，分析危险源存在地点。

　　B. 重大危险源安全主管结合国家《重大危险源辨识》有关规定与公司实际情况制定重大危险源辨识管理标准，明确重大危险源界定标准，然后递交上级审批。

　　C. 生产安全经理对重大危险源辨识管理标准进行审批，批复后交给下级执行。

　　D. 重大危险源安全主管组织人员实施重大危险源辨识管理标准，安排辨识任务。

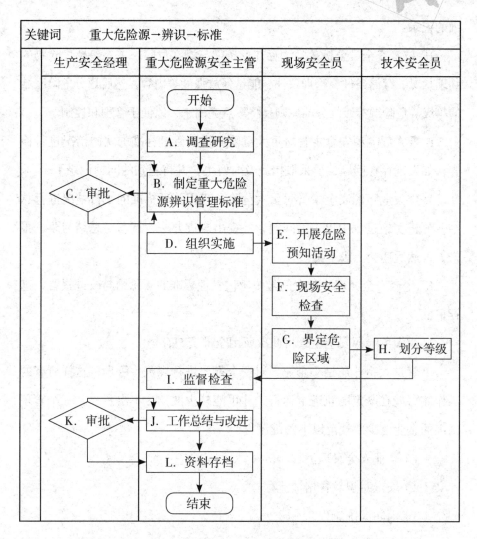

图2-3　重大危险源辨识管理流程

E. 现场安全员根据上级安排的任务开展危险预知活动，对作业人员进行询问调查。

F. 现场安全员进行现场安全检查，对危险源的作业环境进行调查，核查历史事故记录，对可能发生事故的危险区域实施重点检查。

G. 现场安全员检查后，寻找合适的界定方法界定危险区域，并做好详细的记录。

H. 技术安全员分析危险物存在的条件与潜在危险，主要包括危险物的物理状况、存储条件、管理条件、能量释放强度等内容，然后划分危险区域的等级。危险源等级划分的原则是将重点突出来，以便于管理和控制。

I. 重大危险源安全主管对重大危险源辨识管理标准的实施情况进行检查，如发现存在问题，要采取措施及时解决，并将遇到的问题记录下来。

J. 重大危险源安全主管对重大危险源辨识管理标准的执行情况进行总结，分析实施过程中出现的问题，并提出改进办法，撰写《总结与改进报告》，然后递交上级审批。

K. 生产安全经理对重大危险源辨识管理标准的《总结与改进报告》进行审批。

L. 重大危险源安全主管将此次所用全部资料存档。

不管是大企业还是小企业，对安全都要进行规范化管理，这样所有的工作才可能在既定的轨道上运行，才可能减少波动，不出意外。一个管理精细的企业至少要规范以下关键流程：

（1）企业安全管理流程。

（2）安全意识教育培训流程。

（3）消防演练流程。

（4）安全隐患排查流程。

（5）安全隐患整改流程。

（6）安全日报汇总流程。

（7）安全事故处理流程。

（8）安全事故责任人查处流程。

（9）安全事故教训总结流程。

（10）安全检查流程。

对安全工作进行流程化管理，事实上也是防患于未然，因为这是典型的过程控制。而我们很多企业在安全管理上都有一个致命的缺陷——只对结果进行管理，较少关注过程。

员工违章了，先处罚，后谈心，美其名曰"胡萝卜加大棒"。

出了事故，去调查，去处罚，严格按照"四不放过"标准精细、到位的处理。但最后的效果却往往事与愿违，违章越来越多，事故层出不穷，常常是按下了葫芦起了瓢！

为什么？管结果管不住事故，控过程才能确保安全。

流程管理就是过程控制的一个高效手段，是安全零事故的有力抓手。

下面我们一竿子插到底，看看某班组的安全早会流程，因为安全的关键在于最基层。

我给这个班组的早会起了一个名字——"早会五步曲，全员笑嘻嘻"。

第一步：轮值委员检查仪容仪表。

第二步：班组长安排布置工作。

第三步：工作明星激励仪式。

第四步：安全经验分享（经验和教训）。

第五步：全员的士气仪式。

这个早班会流程有两个小亮点：

一是将安全经验分享作为一个固定项目坚持了很多年，有效地提升了班组员工的安全意识，使安全技能真正在班员们的心中扎根。我们平常所说的入脑入心就是这个意思。

二是有一个全员的士气激励环节。俗话说得好，一日之计在于晨，带着愉快的心情开始工作，工作的效率更高，同时也能确保安全。

制定了安全方面的管理流程，就应该严格执行，绝不能把刚性的规定随意丢在一边，我行我素。

企业中任何一件事，如果需要，即使在人们眼中是很小的事也应有流程，尤其是事关安全的一些"小事"。

例如某重量级领导到某大型水泥集团公司生产现场参观、"指导"，却没有按照规定戴安全帽。本来进入现场前是有流程的：对参观人员进行安全教育→发安全帽、参观证、耳麦→检查安全帽和参观证是否正确佩戴、试听耳麦→允许进入现场。只有这样一步不差地进行，安全管理才算到位。因为是领导就打折扣，就可以不按规矩走？这样一来就埋下了安全隐患，同时践踏了制度的尊严！

我们平常所说的"法律面前人人平等"，用在安全管理上也是再贴切不过的。

试想一下，上行必然下效，各种安全规定怎么可能在该企业得到有效执行？

大家再回顾一下，零事故管理的第一条要求就是高层的承诺与践行！

二、合并、取消、增加——既定的安全管理流程可优化

（一）想念兰州的那一碗牛肉面

前几日，一个朋友在网上留言，"想念兰州的那一碗牛肉面"，勾起我尘封已久的温馨记忆。

真的，好久没有去过兰州，没有吃到地道正宗的兰州拉面了！

同时一个奇怪的念头在我的大脑中浮现："兰州拉面为什么不能成为麦当劳那样的国际连锁店呢？"

麦当劳味道独特，价格不贵。兰州拉面价格低廉，地方特色也很浓厚啊。两相比较，差距到底在哪里呢？这样想着的时候，在拉面餐馆候餐的情形又一幕幕再现。

"对了，为什么要我们等那么久？"

我好像发现了天大的秘密，差点叫了出来。

"麦当劳付账不到两分钟就可以开始享受美味佳肴了，为什么这里要等那么久？"我按照流程问道，很快在脑子里勾勒出在兰州拉面餐馆就餐的流程平面图，如图2-4所示。

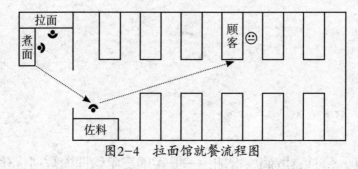

图2-4 拉面馆就餐流程图

客人点完面后，拉面师傅开始拉面，然后将拉好的面放入锅中煮。煮好后另一个师傅将面捞出放入汤汁，最后由另外一个小妹将面端至佐料区放入适量肉片、葱花，再将其送给客人食用。

依着这个流程图，我画出流程程序分析表，如表2-1所示。

表2-1 拉面馆就餐流程分析表

工作内容		牛肉拉面流程分析图（改进前）							日期	
编号	过程描述	流程	时间（分）	距离（米）	○	⇨	□	▽		
1	拉面师傅接到订单后开始拉面，并将其放入锅中。	○	1.5	0						
2	煮面。	○	3.0	0						
3	将煮好的面捞出放入碗中，加汤。	○	0.8	0						
4	将面端至佐料区。	⇨	0.3	3						
5	加牛肉和葱花。	○	0.3	0						
6	将其送给相应客户。	⇨	0.6	10						
效果	步骤	6			4	2				
	距离			13						
	时间		6.5							
记录者：				部门：						

注："○"指流程节点，"⇨"指移动。

我惊讶地发现原来这里面隐藏着这么多秘密——魔鬼真是藏在细节里，我终于发现了浪费。因为只有操作才是对客人有价值的，其他的搬运、检验和等待都是浪费，应该尽可能去除。

　　麦当劳的聪明之处在于它完全没有这样的浪费，把能避免的消耗都除掉了，比如让客人自己来搬运食物等。

　　如何消除这些浪费呢？

　　我尝试寻找解决方法。

　　其实很简单，把佐料区与煮面区合并，这样捞完面、加完汤汁后，直接加葱花不就节省时间了吗？

　　原来改善是如此简单。

　　给客户送面的问题该怎么办呢？

　　借鉴麦当劳，让顾客自取食物。

　　这样取面的工作就由顾客来做了，餐馆节省了宝贵的人力成本、时间成本。而顾客也非常愿意这样做，与其在那里眼巴巴地干等着，还不如自己动手。毕竟，在便利餐馆吃饭，顾客都追求一个字——快！

　　改进后的效果图如图2-5、表2-2所示

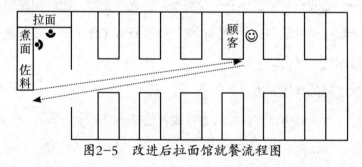

图2-5　改进后拉面馆就餐流程图

表2-2　改进后拉面馆就餐流程分析表

工作内容		牛肉拉面流程分析图（改进后）						日期	
编号	过程描述	流程	时间（分）	距离（米）	○	⇨	□	▽	
1	拉面师傅接到订单后开始拉面，并将其放入锅中。	○	1.5	0	●				
2	煮面。	○	3.0	0	●				
3	将煮好的面捞出放入碗中，加汤、牛肉和葱花。	○	1.1	0	●				
效果	步骤	3			3				
	距离			0					
	时间		5.6						
记录者：					部门：				

改进后整个流程由原来的六个环节简化为三个，移动距离由13米减少为3米，所耗时间由6.5分钟缩短为5.6分钟。

经过改善，不但效率得到很大提升，而且因为搬运距离缩短让作业变得更加安全。

有一句话我们耳熟能详——没有最好，只有更好。把它用在安全流程的管理上也是非常贴切的。我们在实际安全管理工作中就是要不断对管理流程进行调试、优化。

调试流程的具体方法如下。

优化：改变整体流程的先后顺序或者把复杂的工作简单化、高效化。

合并：尝试把管理环节或工艺工序合并，管理环节的减少意味着复杂的事情简单化，简单高效是安全管理的最直接、最有效的方式。兰州拉面案例就是合并改善案例。

取消：如果某一管理环节取消后工作效果不打折扣，生产现场排除某道工序不影响生产安全、产品质量，那么就毫不犹豫地改进。

增加：增加必要的工作，以获得更加高的安全工作度。

（二）几个鲜活、生动的优化案例

首先看一个"增加"的案例。

为了安全在工作流程中增加必要的控制点。

对于一些风险很高的工作事项，要严格管控，来不得半点马虎，必要时需增加一些管控的节点，以避免安全上的疏漏，杜绝事故的发生。

火工品管理是煤矿企业安全管理中非常重要的一部分。一是它直接涉及社会的稳定和国家的长治久安，二是它直接影响企业的安全生产，三是它会直接给企业带来最大的经济效益。

这三个重要性其实说得一点也不夸张，因为雷管、炸药等火工品威力巨大，一旦出现安全问题就会触目惊心、损失惨重。

刚开始时，某煤矿火工品管理很简单，主要有三个管控节点：入库、作业前检查、退库，如图2-6所示。

图2-6　某煤矿火工品改进前的管理流程

当然，只有这三个管控节点，省事倒是非常省事，却不能对火工品使用过程进行有效控制，加上员工工作粗心大意，常常导致错漏多多。

特别是生产区队、班组，作业人员在使用火工品时，经常发生违规行为。例如随意丢弃炸药、雷管，给矿井的安全生产带来诸多隐患。

有一个生产班组的放炮员在井下作业时，由于没有将雷管箱子看护好，被他人私自拿走雷管6枚。因为早发现、早报告，第一时间追查才没有造成丢失案件。

还有一次更玄乎，某生产班组的放炮员在井下作业过程中，因为没有严格按照煤矿火工品作业规程操作，导致雷管失落在输送煤炭的溜子上，随后又被拉到皮带上，侥幸的是皮带司机发现了这一情况，把雷管上交到管理部门，才避免了一起违禁危险品流入社会的重大安全事故发生。

类似的事例在不断重复发生，侥幸还能一而再再而三地光临吗？

刚开始时，煤矿对这种事情的解决办法很粗放，往往就是事后通报批评、罚款、停班处理等，没有把管控的关口前移，想办法把事故消除在萌芽状态，更没有努力从源头上去铲除产生事故的土壤。

在该矿开展零事故管理活动的过程中，经过学习新思想、新理念，对照摸排自身管理上的疏漏，他们认识到了这方面的严重缺陷。

认识到不足后，企业立即行动，相关管理部门尝试从流程上进行改进。经过讨论，采用的方法是增加一些关键节点的控制，由三个管控节点增加到六个，期望通过这种方式有效避免上述种种不安全行为的产生。改进后的流程如图2-7所示。

流程管控说明：

（1）采购来的火工品到煤矿后由保管员、门卫共同登记入库，做到雷管、炸药分开存放保管，账物对照、相符。

（2）生产区队、班组放炮员根据生产使用量开具领料单据，报安全通风部审批后，持证到库房领取，门卫监督。做到物品、数量、编号登记准确详细。

（3）入井时井口把罐工开箱查验、签字。

（4）在作业面，放炮前安全员、班组长开箱进行作业前检查；放炮中安全员、班组长对作业放炮数目监督；放炮后放炮员、安全员、班组长对剩余物品查验入箱，现场"一炮三检"。

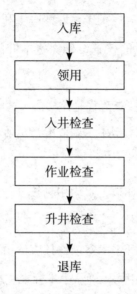

图2-7　某煤矿火工品改进后的管理流程

（5）升井时井口把罐工开箱复验剩余物品。

（6）库房保管员、值班门卫进行退库复验登记、签字。

经过改进，流程监督过程中的六个环节环环相扣、互相节制。在实际工作中，无论哪个环节出现问题，例如发生丢失、损坏或被盗等事件时，都可立即启动责任追究措施，查缺补漏，从而确保物品的安全。

经过这样严格的流程管理，该矿的火工品管理实现了无丢失、无盗窃、无爆炸的"三无"工作目标。火工品的安全保管与使用中存在的违规事件较平常年份下降了80%左右，连续两年没有发生一起涉爆案（事）件，确保了矿井的安全生产，也为社会稳定贡献了一份力量。

下面接着看一个"优化"的例子，这是一个医院的案例。

医院更要注重安全，必须追求零事故目标。因为医院是直接在人的身体上作业，尤需细之又细、严之又严，容不得半点马虎。

手术患者的安全核对是一个多部门、多人员、多环节的复杂过程，涉及手术患者、手术医生、病房护士、麻醉医生和手术护士，需要多方协调配合，才能完成不同阶段的核查，确保手术的质量，以及患者的安全、健康。

某医院刚开始的安全核查流程是这样的（简略版）。

术前核查：病房核查（护士），麻醉前核查（麻醉医生），开皮前核查（手术医生）。

术中核查：包括三个环节，术中用物核查，术中用药核查，术中植入物核查等。

术后核查：指患者离开手术室前的核查，由三方共同核查患者身份、实际手术方式、清点手术用物，确认手术标本、患者去向等。

这样的流程在很多医院都实行了很多年，患者有相当的安全保障，但也面临着一定的风险，比如做错了手术、做错了手术的部位、用错了药等。各个医院也在努力对这一流程进行不间断的改进。当然方法很多，比如施行手术核查表制以避免漏项、给病人佩戴手腕识别带，方便护士在患者因麻醉无意识状态下的核查等。

下面我介绍一个比较简单的改进，仅在一个点上进行调整，不会添加工作量，但在很大程度上增添了安全系数。

改动主要是在护士的术前病房核查这一环节，过去主要是由护士口述患者的姓名、手术名称、手术部位，比如左右侧等，让患者确认。后来在实践中，有家医院发现这样做存在一定的风险。比如有些患者手术前比较紧张，注意力不集中导致漏听误听，造成确认失误。还有些病人认为我花了钱，手术是医院的事，做错了你负责，所以会心不在焉，似听非听，结果让这一比较关键的确认环节的效果大打折扣，留下了安全隐患。

后来这家医院尝试改进，变原来的护士说患者听这一单向信息传递方式为反向识别、逆向查对的双向沟通方式。护士到了手术室首先请患者叙述相关内容，然后再由手术护士复述一遍，请患者确认。这样经过双方你来我往的相互确认，确保了患者的安全、手术的质量。

其实现在很多企业实行的工作票制就是双向确认在安全管理中的应用，两个人互相确认总比一个人确认更保险，以免"老虎也有打盹的时候"。

最后再看一个合并的例子。流程内各环节可以合并，不同的流程也可以合并，而且合并后效果奇好。

某公司在很接近的时间段内先后组织两次检查——6S检查和安全检查，多年来一直如此，但一线员工对这种过频过密的检查有一定的抵触情绪。这一波刚走，下一波又来了，还让不让人生产了？而且，有很多检查内容还是重复的，如图2-8、2-9所示。

图2-8　6S检查流程

下面的安全检查流程几乎是一模一样的。

图2-9　安全检查流程

很多员工都认为应该合并这两项检查。根据这种情况，公司综合部出面协调解决这一问题。综合部经理把6S推进部门、安全管理部门相关人员召集到一块，探讨把这两项检查合并的可能性。经过半天的磋商，从技术的角度得出结论，合并两项检查是可行的。虽然两项检查要查看的点有一定的不同，但完全可以融合在一张检查单中，只不过把它分为两块罢了。

说干就干，再次检查时，两项检查就一次完成了，其流程如图2-10所示。

图2-10 安全管理、6S管理合并后的检查流程

从这一案例中我们可以看出，即使是做过千百遍的东西，也有可能是有缺陷的，只要你有心，完全可以进行优化和改进。

这让我想起了写在吉利宁波公司围墙上的几句话："发现问题是好事，解决问题是大事，掩盖问题是蠢事，没有问题是坏事。"

三、梳理工作流程——不让工作在衔接中产生风险

　　作为管理人员，在安全管理中不能只盯一点，不及其余，应该有全局观，养成系统思考问题的习惯。对某一工作事项所有环节安全风险的梳理，并提出适当的应对、化解措施，才能使安全事故的发生率降到最低。

　　从流程上评估、预控风险就是这样一种系统风险管理思想、意识。为什么要从流程上去预控风险呢？主要原因有以下两点。

（一）所有可能出现的不良结果最终都会出现

　　这句话不是我说的，是美国工程师爱德华·墨菲的名言。他有一个世人皆知的墨菲定律，大意是事情如果有变坏的可能，不管这种可能性有多小，早晚总会发生。

　　某炼钢厂电工王某，在炼钢厂东耐火库距地面约5米高的电动葫芦端梁上检修拖缆线时，不慎触电失去平衡坠落，造成右腿骨折。

　　事后分析原因时，共列出了四条导致事故的因素：

　　（1）未系安全带。

　　（2）无人监护。

（3）疏于管理。

（4）教育不够。

其中最直接的原因是高空作业不系安全带。管理人员问："为什么在5米高处作业不系安全带？"这位员工回答："又不是很高，平时都是这样的，已经习惯了。"

看看，这就是墨菲定律在安全管理中的直接体现。种下了风险，就一定会收获事故，不过是早晚的事情。

我们对比一下宝洁公司的安全带管理，看一下我们是否还存有差距。

宝洁公司内部的安全设施是非常先进的，管理制度也是非常精细的。比如，安全带的使用就有这样的规定：如果发生了一次高空坠落事件，安全带把人保护了，不管是否完好，这条安全带必须扔掉，以免因防护装备上的缺陷造成事故危险。

（二）某一个单独的问题可能不会导致事故，但串起来就会产生事故

一架飞机在正常起飞的过程中，被前面起飞的一架飞机掉落在跑道上的一个金属部件扎破了轮胎，引起轮胎爆炸。爆炸碎片击打在油箱上，导致油箱发生爆炸。

这个事故是一个事件链条造成的——金属部件刺破轮胎，轮胎爆炸引起油箱爆炸。油箱受撞击，轮胎被刺破，人们事前能够考虑得到，但是金属部件立在跑道上却是让人意想不到的。这三个问题单独看都不是问题，但连在一起就成为了问题，而且是严重的大问题。

所以，我们要学会从系统的角度去看问题，进行风险识别，采取超前预防措施，确保问题苗头不演变成真正的问题。

主动识别和控制风险是安全管理的最有效方法。管事故管理不了事

故，管风险才能严控事故、确保安全。

企业安全管理的核心就是风险管理。

从流程上控制风险有这样紧密相连的三个阶段：发现、评估和风险缓解。通过这三个阶段识别和评估风险源，就能界定风险源的严重性和可能性，再采取相应措施实施控制，就能消除危险或将危险降低到可接受的水平，最终提高企业、部门的安全水平，降低或消除事故、各种偏差的发生概率。

下面以飞机机务维修中比较常见的充氧工作为案例进行安全风险管理分析，因为民航的安全管理标准非常高，对各行各业的安全管理都有不同寻常的借鉴意义。

首先我们看一下从流程上控制风险的管理全貌，其实也很简单，具体如图2-11所示。

（1）工作事项分析。

（2）识别危险源。

（3）风险评价。

（4）制定控制措施。

（5）实施措施。

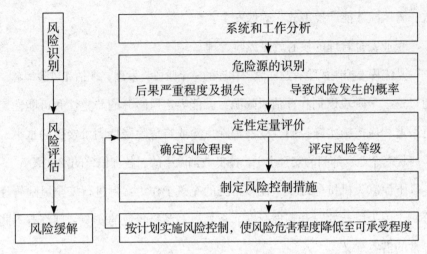

图2-11　风险管理流程

下面是具体实施步骤：

1. 飞机充氧工作简述及系统工作分析

充氧工作是机务维修工作的重要组成部分。使用充氧车为飞机的机组氧气瓶灌充，可以保证飞行机组在必要时的用氧需求，为旅客氧气系统提供备用氧气源。整个充氧工作大致可分为紧密相连的几个环节，如图2-12所示。

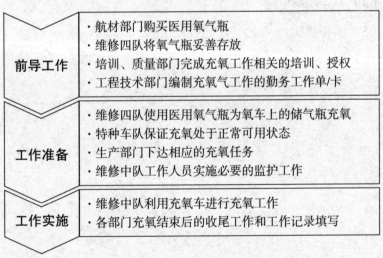

图2-12　充氧工作环节

2. 危险源识别

依据危险源辨识方法，结合充氧操作的实际，可以发现下列潜在危险源：

（1）飞机上充入了不纯的氧气（机组氧气瓶或旅客氧气），对飞机驾驶员或旅客正常用氧造成安全隐患。

（2）地面充氧操作不规范。没有遵守安全操作标准，氧气系统部件拆装不规范，氧气系统接头/管路发生渗漏，氧气瓶发生问题等，对飞机、操作者造成安全隐患。

（3）氧气瓶的存放达不到规定要求，因存放环境变化造成氧气渗漏，产生火灾隐患。

3. 风险定性评估

将充氧操作时发生潜在风险的可能性和风险发生后果的严重程度纳入风险矩阵，我们即可对这种潜在风险做出风险评估，并采取适当的手段抑制、消除潜在的风险。

风险严重度：A. 可忽略的；B. 轻微的；C. 严重的；D. 特别严重的；E. 灾难性的。

发生的频率：5. 特别频繁；4. 经常；3. 偶尔；2. 极少；1. 不太可能。

把这两个因素或纬度结合起来，可以得出如下组合：5A5B5C5D5E、4A4B4C4D4E、3A3B3C3D3E、2A2B2C2D2E、1A1B1C1D1E，如表2-3、图2-13所示。

表2-3　风险矩阵

发生的可能性	风险严重程度				
	可忽略的. A	轻微的. B	严重的. C	特别严重的. D	灾难性的. E
5. 特别频繁	5A	5B	5C	5D	5E
4. 经常	4A	4B	4C	4D	4E
3. 偶尔	3A	3B	3C	3D	3E
2. 极少	2A	2B	2C	2D	2E
1. 不太可能	1A	1B	1C	1D	1E

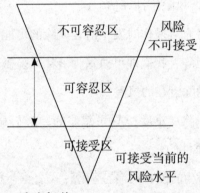

可容忍的风险（同时满足）：
■ 风险低于预先确定的不可接受极限；
■ 风险已被降低至切实可能低的水平；
■ 拟使用的系统或变更所带来的效益足以证明接受该风险合乎情理。

不可容忍区　风险不可接受

可容忍区

可接受区　可接受当前的风险水平

图2-13　风险评估

下面从可能性、严重程度两方面分别分析上面所列举的三种情况：

第一种情况，飞行员在飞机运行过程中，经常使用机上氧气，旅客有时也需使用氧气，因此充氧工作是航线的日常工作。由于事关健康、生命，所以航空用氧管理非常严格，在生产、采购、验收、使用等环节均有把关，设置了多道防范关口。发生充入不纯氧气的可能性极小，但如果机组人员用氧时吸入不纯氧气，则可能影响健康状态，威胁飞机操纵，会带来特别严重的后果。对照图2-12、2-13可知这种情况是2D的情况，属于可容忍的风险。

第二种情况，地面需要经常为飞机机载氧气瓶补充氧气以满足需要，操作工也具备这项工作技能，但不能完全排除个别员工偶尔随意操作的可能性。如操作工不能正确充氧，则可能导致氧气系统故障、渗漏以及更严重的后果，进而威胁飞机、操作者的安全。空中氧气系统渗漏就可能带来灾难性的后果，国内曾发生过A319飞机氧气系统空中失火导致客舱释压的不安全事件。对照图2-12、2-13可知这种情况属于3E的情况，应归类为不可容忍的风险。

第三种情况，因航空公司的氧气瓶是存放在隔离区内的单独充氧操作工作间中的，且有较完备的存放规定，违规存放发生的可能性较小。但是一旦发生，会带来人员受伤和设施设备受损，后果严重，对照图2-12、2-13可知这种情况属于2C，属于可容忍的风险。

4. 风险缓解、控制措施（制定并实施）

为什么这里用的是"缓解"而不是"根除"呢？这是因为隐患、风险是客观存在的状态，有些时候可以采取措施消除，但大多数情况下是无法从根本上去除的，只能通过适当的手段把这种风险控制在可接受的程度，这就是缓解。

下面选取危险源2和3做详细的风险控制说明。

危险源2属于不可容忍风险，必须立即采取干预行动消除或缓解，直至风险消除或降低到可容忍等级。

按照可能发生的原因进行细分并制定相应的缓解控制措施：

（1）工作者没有经过正确的培训和相应的工作授权

①由培训科负责将充氧车使用的培训和复训纳入《培训大纲》，并组织需参与充氧工作的相关维修人员进行培训，培训的重点是"民用航空器

充氧"具体安全规定。

②由质保科负责评估培训合格的工作人员是否满足充氧工作的需要，对培训合格并满足资质的人员发放上岗证，并严格规定只有获得授权的人才能从事此项工作。

（2）操作者没有充氧操作工作单，未能按规定步骤、要求进行充氧

①由技术科负责编制充氧工作单/卡，由维修队负责编制充氧设备（充氧车）的维护记录卡。

②充氧操作过程应严格遵循《中华人民共和国民用航空行业标准》第25部分"民用航空器充氧"规定，严格落实第5部分第16条"充氧的安全规则"和第6部分第7条"充氧的实施"要求。

③充氧车的驾驶人员和车辆维护人员，按照充氧车生产厂家提供的维护保养规定，对充氧车进行保养并填写维护记录卡。对可能发生的故障依据《常见故障及处理表》，进行即时排查并填写维护记录卡。

④务必在充氧、拆换后，对氧气系统瓶体、阀体、接头、管路进行细致检查，查看是否有磨损、渗漏等迹象；要严格按照飞机维护手册规范操作，注意管路接头清洁。

⑤严密监控氧气系统瓶体的寿命，确保装机氧气瓶为适航可用，防止瓶体、阀体老化带来危险。

危险源3虽然属于可容忍风险，但也要做适当的工作，因为安全工作永远没有最好，只有更好。具体措施如下：

A. 保持。确保现有安全防护措施的有效性。

B. 推进。采取进一步的措施降低风险。

下面是改进安全状况的具体措施。

①氧气瓶存放的专用区域应建立特殊区域管理制度。该区域仅限于充

氧操作员使用，其他人员不许接近。

　　②充氧操作人员负责对氧气瓶存储区域的温度、湿度逐日做好记录。

　　③建立完善的氧气瓶存储区域管理制度，按规定日期进行检查和审核。

　　④在存放区域挂上醒目的"氧气……禁止吸烟……禁止明火"告示牌，并配备合格的消防器材。

　　安全管理不能打"运动战"，不可像很多企业通常做的那样，在"安全30天"活动中有一大帮安全审查人员对各部门、生产环节进行安全检查、整顿，过后要么无影无踪，要么非常放松。应每时每刻保持高度的戒备心，持续对风险进行识别、评价，采取措施消除或缓解，只有这样才能确保安全。这应是"新常态"。

　　这里举的例子虽然是航空系统的，但它对于各级各类企业都有很强的参考性，管理人员完全可以结合自己企业的实际情况去借用、套用。

　　下面这幅图片是我在胜利油田上课的情形，展示的就是胜利油田的安全总监们在课堂上所做的装油过程工作风险分析。这个分析虽然只有两页纸的容量，相比上面的内容是大大简化了的，但到位地解剖了油田装油这一日常、重要作业可能遇到的风险，并提出了初步的缓解、消除措施。

　　现场做出的流程安全分析（该作业跨几个岗位）很简单，就是三个部分：工作程序、危险源分析、削减措施。如果在实际工作中加以运用、细化，应该对提升油田安全管理水平有很大的作用。

图2-14　在胜利油田上课

本章练习

练练笔：填几个空，安全工作就会有新思路。

通过本章的学习我收获了以下几点：

1._____

_____

_____

2._____

_____

_____

3._____

_____

_____

4._____

_____

_____

经过对比，我们企业、部门目前安全工作中还存在以下几点不足：

1._____

_____

_____

2._____

_____

3._____

_____

_____

在现有条件下，我们立即能做好的是：

1._____

_____

_____

2._____

_____

_____

第三章

从程序上控制风险
——零误差才能零事故

一、穿戴好劳保用品，严格按规程操作
——消除"万一"，需抓"一万"

零事故安全管理有一句名言："消除'万一'，需抓'一万'。"

安全管理说难很难，把它说成是天下第一难，一点也不过分！需要做的事情千头万绪，而且个个艰难无比！但说容易也很容易，只需要我们做好以下三点——保持安全意识、穿戴好劳保用品、严格按规程操作，特别是第三点。这方面的教训太多，一个麻痹、一个不小心就可能酿成大祸，无数条鲜活的生命随风而逝！

2011年10月12日，在镇江一个小区内，由于安全绳断裂，管道维修工人从6楼坠下，当场死亡。事后发现，管道维修工人身上的安全绳索只有一股，根本不足以承受一个人的重量。

为什么会出现这样低级的错误？

作为员工应该反思：自己的安全意识究竟到哪里去了，为什么不执行操作规程？

作为管理者也应该进行反思：有没有制定出严密的操作程序，有没有据此对员工进行到位的培训，有没有严格地监督执行。

在这里我要表达一下我的观点，企业不可能分门别类地制定出各种各样的操作程序，比如质量、安全、成本等。这几种程序可以也应该合而为一，因为安全问题、质量问题、成本问题都是在具体操作中产生的，也必须且只有在操作中才能得到控制、改善和解决。大家想一下是不是这个道理？

安全工作程序能够帮助员工高效、安全地工作。

（一）安全工作程序的内涵

工作内容：需要做的工作事项。

工作程序=步骤+标准。

工作步骤：工作的先后次序。

工作标准：每一步工作的质量、安全、时间、动作等要求。

从上面的界定可以看出，流程是解决岗位、部门之间衔接、配合的问题，而程序是处理单岗位工作事项的效率和安全问题。精心制定出岗位安全工作程序，然后据此培训员工，督促其严格按照标准执行，企业安全管理难题就会迎刃而解。

（二）安全工作程序编写

1. 两个关键

编写、制定程序有两个关键：一是步骤划分要到位，一定要分解到不能再分解的程度；二是标准的制定要具体、详实，从管理的角度考量，需要约束什么、应该达到怎样的标准都要一一列明。

2. 五个步骤（以一线生产岗位为例）

（1）培训一线班组长、骨干员工具体编写方法，由他们写出初稿。

（2）编写指导小组审核一稿，提出修改意见，返回班组处修改。这个过程大约要进行三个来回。

（3）编写指导小组把班组初稿发往相关管理人员，征求意见、提建议。高层、中层、基层凡是能够说上话的，都在征求之列。

（4）汇总意见，修改定稿。

（5）如有必要可进行行业对标，就是找一家行业内比较先进的企业，看一下别人的操作，吸取其中先进、科学之处，以弥补自己的不足。

3. 一个细节

如果暂不具备条件，一下子把所有的程序都搞出来，那么从哪个岗位、哪个工作事项先开始编写呢？首先我要明确一点，从长远来看，安全工作程序必然也必须覆盖所有的工作环节、所有的工作事项。但从某些工作事项先开始编写是较合适的方式，这样可以由点到面，逐渐铺开。

编写安全工作程序应从敏感岗位、敏感工作事项开始。所谓敏感岗位、敏感工作事项，指的是易出问题的岗位、易出差错的工作事项。这些工作事项常常做不到位，时不时出大大小小的安全问题，就会搞得管理人员焦头烂额、胆战心惊。可以把这些工作环节先规范好，让员工在既定的轨道上运行，然后逐渐铺开，进而规范所有的工作、所有的环节。

某油矿保卫大队担负全矿员工野外作业的安全保护任务。由于采油工女工居多，又是单独作业，加上工作地点多在面广的野外，所以在巡查工作现场的过程中，很容易受到不法侵害。对于矿保卫大队来说，报警接线岗位就是敏感岗位，这个岗位有若干工作事项，接听报警电话就是敏感工作事项。由于这个岗位近期新招来了几个员工，业务不是很熟练，加之该项工作本身的复杂性、紧张性，在接听报警电话时出现了很多问题：听不清楚对方的情况介绍，包括危急程度、案发时间、地点等，可能当保卫队员匆匆忙忙赶到出事地点时，却发现跑错了地方；当同时有几件报警需要处理时，常常不能够很好地分清轻重缓急，导致保卫大队出警不力；事件已经发生，上午去处理也可以，下午去处理也不可能扩大，这样的事情却通知第一时间到现场，而最紧急的，晚一分钟去事态就可能恶化的却最后去，导致事件扩大，损失（包括人身和财产）加剧。为此，保卫大队队长没少挨矿长的骂，甚至被警告再不改进工作方式就被撤职。

在一次课堂上，听了这位满腹委屈的队长的介绍，我给了他一个建议——对接报警电话这一工作事项进行程序化管理。老员工、新员工、管理人员大家集合在一块开会商讨：当报警电话响起时，接线员首先做什么、怎样问、怎样记录等都一一列出来，精准制定出操作程序，把内容打印出来，也就是两页纸、三页纸的样子，再张贴在接线员的工作位置旁，让其在工作过程中时时都看得见。

这种程序化管理的方式，既能保证工作效率，又确保了员工的安全。

加油站加卸油更属于上面所说的"敏感岗位、敏感工作事项"，因为这个工作事项既是最常规的工作，又是风险很高的作业。

下面是中石化加油站卸油十步法程序。

步骤一：引车到位

（1）引导油罐车停在指定卸油位置，关闭引擎和电门，拉起手刹，提醒、确认司机拔出车钥匙。

（2）在车轮下放置三角木，阻断车辆的移动。

（3）检查油罐车安全状况有无异常、轮胎气压是否正常。

（4）检查罐车工具箱、驾驶室等是否有小皮管、容器、铅封、铅封夹等东西。

步骤二：连接静电接地线

（1）检查静电装置，确认完好。

（2）释放人体静电。

（3）静电接地夹与油罐车车体有效连接。

步骤三：安全防护

（1）开始稳油15分钟。

（2）摆好警戒线、警示牌、消防器材（灭火器、石棉被等）。

（3）穿戴好个人防护用品。

步骤四：四确认

（1）确认油罐车铅封完好。

（2）确认物料凭证号码或交运单上的加油站名、品种和数量与本站相符。

（3）确认加油机停止发油。

（4）确认地罐空容。

步骤五：进货验收

（1）检查地罐计量孔等操作孔盖已经关闭严密。

（2）确认已经稳油15分钟，登罐车观察液位是否到达标志线。

（3）取样细致观察来油质量，判断是否达到要求。

步骤六：卸油

（1）司机将卸油管接在油罐车出油接头，卸油员将卸油管接在指定卸油接头，双方进行"双确认"（油气回收装置是否连接使用，关闭安装阻火器的透气管）。

（2）开阀卸油。

（3）加油站在接卸油作业时，与其相接的加油机禁止加油。

步骤七：过程监控

（1）查验油罐车、卸油管和所有操作孔盖、阀门，确认无漏、溢油迹象。

（2）监控卸油现场，不让闲杂人员进入，司机和卸油员不准离开卸油现场。

步骤八：卸后确认

（1）登上油罐车顶部检查确认油舱内油品已经卸净。

（2）接尽油罐车内余油后，通知司机关闭出油阀，将卸油管内余油顺流至地罐内。

（3）收好静电接地线（油气回收装置是否复原，打开阻火器透气管球阀）。

步骤九：施打反向铅封

（1）给油罐车出油阀施打反向铅封。

步骤十：卸后处理

（1）引导油罐车出站，清理地面油污，收起警戒线、警示牌和消防器材。

（2）稳油5分钟后，测量地罐后尺。

（3）通知该油罐对应的加油机开始加油。

这是非表格形式的安全操作程序，比较松散，你也可以把它套在表格里面，这样就相对严谨了。还可以采用更加生动形象的形式——图画版的，比如下面的灭火器使用程序，如图3-1所示。

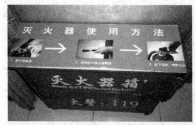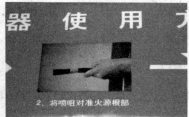

图3-1 灭火器使用程序

消防队可以通过这样直观、形象的操作程序对广大市民进行消防器材使用方式的普及型教育。

更可以搞视频版的，因为有些情况是语言说不清、图画道不明的，视频刚好大有用武之地。

零事故管理的劳模——丰田公司，自己建有一个培训中心。为了加强安全管理，该中心专门组织摄影小组深入企业内部，连续3年拍摄技术精湛老工人的工作过程，着重总结了老工人的技术动作，然后通过图像告诉新工人该如何按标准动作操作，并反复特别强调，按老工人的操作方式从事生产，可以减少工伤、增加产量。

借鉴丰田公司的做法，如果企业内、部门内某一个环节的操作不尽如人意，有一定的安全隐患或质量缺陷，就可以找一个技术最熟练的员工，用摄像机摄下他以最标准的方式作业的过程，供其他员工观摩、学习，以提高安全系数、质量标准。

安全工作程序就是作业制度，是员工必须遵守的作业规定，同时也是管理者检查员工工作是否到位的依据。管理人员可以拿上程序检查表一边观察一边确认，一边在相应的栏目内划钩、打叉，据此评价员工作业是否符合规范。

员工也可以据此自查，其实一线员工的自查自纠一直是零事故安全管理最提倡的。只有每一个员工都成为管理的主体，安全管理的氛围才能真正形成，零事故目标才有可能实现。

表3-1所示的加油站卸油十步法程序检查表，就是管理者督查、员工自查的高效工具，因为对照程序的检查才是最精密、细致的检查。

现场不便直接查看，或没有时间查看的时候，管理人员也可以通过观看录像的方式进行督查，因为每个加油站都有监控探头，事后可以按部就班地观看，就某一个环节还可以反复观察，以确认操作是否到位。现在，体育比赛在需做出重要判决的时候，大多采用这种方式。

表3-1　加油站卸油十步法程序检查表

日期		到达时间		承运车号	
检查项目					
步骤一：引车到位					
1. 引导油罐车停在指定卸油位置，关闭引擎和电门，拉起手刹，在车轮下放置三角木					是（　）否（　）
2. 检查油罐车安全状况，确认无异常状况，轮胎气压正常					是（　）否（　）
步骤二：连接静电接地线					
3. 检查静电装置完好					是（　）否（　）
4. 静电接地夹与油罐车车体有效连接					是（　）否（　）
步骤三：安全防护					
5. 摆好警戒线、警示牌、消防器材（灭火器、石棉被等），穿戴好个人防护用品					是（　）否（　）
6. 开始稳油15分钟					是（　）否（　）
步骤四：四确认					
7. 确认油罐车铅封完好					是（　）否（　）

（续表）

铅封号码：			
8. 确认交运单上的加油站名、品种和数量与本站相符			是（ ）否（ ）
提货单号：	油品品种：	来油数量（升）：	卸油罐号：
9. 确认加油机停止发油			是（ ）否（ ）
10. 确认地罐空容			是（ ）否（ ）
地罐前尺高度（mm）	地罐空容（升）：		与来油量相差（升）：
步骤五：进货验收			
11. 确认已经稳油15分钟，开始计量油罐车的油高、水高、油温（密度）			是（ ）否（ ）
12. 仔细核查确认来油质量正常			是（ ）否（ ）
步骤六：卸油			
13. 司机将卸油管接在油罐车出油接头，卸油员将卸油管接在指定卸油接头，双方进行"双确认"			是（ ）否（ ）
14. 检查地罐计量孔等操作孔盖已经关闭严密			是（ ）否（ ）
15. 开阀卸油			是（ ）否（ ）
步骤七：过程监控			
16. 查验油罐车、卸油管和所有操作孔盖、阀门，确认无漏、溢油迹象			是（ ）否（ ）
17. 监护卸油现场无闲杂人员进入，卸油期间司机和卸油员不准离开卸油现场			是（ ）否（ ）
步骤八：卸后确认			
18. 登上油罐车顶部检查确认油舱内油品已经卸尽			是（ ）否（ ）
19. 确认油罐车内油已卸尽后，通知司机关闭出油阀，将卸油管内余油顺流至地罐内			是（ ）否（ ）
20. 收好卸油管，并盖密卸油帽			是（ ）否（ ）

21. 收好静电接地线	是（ ）否（ ）
步骤九：施打反向铅封	
22. 给油罐车出油阀施打反向铅封	是（ ）否（ ）
铅封号码：	
步骤十：卸后处理	
23. 引导油罐车出站，清理地面油污，收起警戒线、警示牌和消防器材	是（ ）否（ ）
24. 稳油15分钟后，测量地罐后尺	是（ ）否（ ）
地罐后尺高度（mm）：	
25. 通知该油罐对应的加油机开始加油	是（ ）否（ ）
卸油员签名：　　　　站长签名：　　　　司机签名：	
备注： 1. 严格对本表中各工作项目进行检查，确定为"是"后，才能进行下一个工作环节的操作。 2. 稳油15分钟与步骤四可同步进行。	

　　我再一次重复上面反复讲过的话，严格按程序作业是确保安全、质量和成本的不二法门。来自《中国石化报》的一则叫《雷打不动的"十步法"》的案例，很好地印证了这一点。

　　作为某加油站副站长兼计量员，小王严格按照卸油"十步法"接卸油品，这是她多年来坚持的工作准则。

　　一日中午，一辆油罐车驶入加油站。小王认真核对出库单信息，稳油15分钟后登车计量，但是在对油品进行水高测量时发现，量油尺上的试水膏变红了。此时，油罐车司机大概是要赶时间，有点不耐烦地说："小姑娘，不用量了，我是你们的老顾客，不会有问题，快点卸吧！"

小王并不这么认为，她说："师傅，您别急！该走的程序必须走完。"经过反复测量，她确认罐车内有积水，随后从罐车内放出油样进行观察，发现油中含有大量的水杂和油泥，于是立即向站长反映情况，并向公司领导汇报。公司领导与物流中心及油库协商后决定，将这车柴油退回油库处理。

上述小故事中的卸油"十步法"将问题油品挡在了加油站外，避免了油品质量事故的发生，规避了安全问题。

安全、质量、成本、效率是紧密结合在一起的，你中有我，我中有你。提高工作质量就是保证安全，更是降低成本。因为一旦出任何问题，不管是安全问题，还是质量问题，都会不可避免地带来损失。

严格按程序作业是确保安全、质量、成本、效率的不二法门。

二、精密制定操作程序，严格训练作业技能
——零事故就是这样炼成的

（一）标准化的五大好处

制定程序并严格执行，其实就是企业内部的操作标准化工作的实施过程。标准化工作有如下几点好处。

1. 明确工作要求，告诉员工为了安全必须要这样做。比如，任何时候进入密闭空间作业都必须两人一组，一人在外面，一人进入作业，互相照应。

2. 技术保存，不让老员工一些好的做法、宝贵的经验，随着调离岗位、退休而装在大脑里带走。否则，新员工还需要进行艰苦的摸索，甚至付出血的代价，重新学习。

3. 提高工作效率，明确告诉员工只有这样干效率才最高，而且更安全。

4. 编写教育训练的教材，可以据此对新员工、业务不够熟练的员工进行培训，提高其操作技能。

5. 不断改进工作标准。操作程序是安全工作的标准，但制定出来并不意味着就一劳永逸了。在使用的过程中，需根据情况的变化对其不断改进。一是在实际使用过程中发现程序本身有不适合的地方时，二是当面对

的环境有变化时，比如工艺变化、添置了新设备。用日渐完美的标准去指导工作，就能达到更高的安全、更高的效率。

（二）严格训练保安全

熟练的操作是安全的最基本保证，可一手好技能不会从天上掉下来，一定是刻苦训练的结果。依据程序进行的训练是最标准化的技能训练，也是最科学的训练，因为它是格式化的。

程序训练的具体方式有下面几种。

1. 自我训练

零事故管理强调每一个员工都是管理者，应能进行自我管理、自我超越。因此，管理人员、员工的自我训练就是最重要的一种训练方式。

下面看一个25年零事故、零投诉的公交司机是怎样炼成的。

在武汉有一位姓张的公交车司机，他每天走同样的路线，开着同一辆车，25年来已经行驶了70余万公里，做到了零事故、零投诉、零违章，因此成为公交驾驶员心中的"排头兵"。

做出如此成绩，他有哪些绝活呢？

（1）开车，稳——行车到终点滴水不洒

乘坐张师傅开的公交车，乘客常常看到这样一个奇观：一杯水放在驾驶台上，车开到终点，一滴也不洒。张师傅回忆说，2001年的一天，一位老人买菜回来乘坐他的车，路上遇到一辆"麻木"横穿马路，张师傅一脚急刹车，结果老人的豆腐破了。于是，他开始"魔鬼训练"：将喝水杯换成没盖的，装一杯水放在驾驶台上，如果行车不平稳，水杯里的水洒完了，自己就没水喝。经过一番苦练，现在起点放上一杯水，到了终点几乎可以做到滴水不洒。

（2）停车，准——对准站台1米停车

为了进好站，把车靠边停直、停稳，张师傅想了一个绝招。他上班带上一把小豆子，一个站停不稳，离站台人字沟超过了1米，或者有的乘客站不稳，他就往纸盒里丢一颗豆子，下班后慢慢琢磨原委。苦练本领之后，他形成了一套规范的进站停车程序：离站100米将车速降到5公里/小时，缓慢滑行；关门后，从车内后视镜查看上车乘客已经入座或站稳，再起步离站。

（3）验车，狠——路上几乎没有抛过锚

张师傅每跑完一趟车，都会围着车辆转一转，看车是否有漏油漏水现象，轮胎胎压是否正常，闻轮毂是否有异味，摸轮毂等部位温度是否正常，摇乘客座椅或扶手螺丝是否松动……平日常见的故障隐患一律逃不出这"围车一转，上车一看"。通过这种方式，张师傅的车就能防患于未然，避免车辆故障，半路抛锚。

零事故就在这样一招一式的严格要求中炼成。

2. 一对一、一对多的训练

训练可以单独进行，但更多的时候，还是大家在一块练，通过这种你练、我评，我练、你说的方式，能够快速提高工作技能。

麦当劳素以提供快速、准确、友善的服务而著称于世。不管你在全球任何一个地方，当你饥饿难忍想吃东西的时候，第一个想找的餐馆可能就是麦当劳。

按麦当劳管理标准，在顾客点完所有食品后，服务员必须在一分钟之内将食品送至顾客手中。

这样一个快速的服务，怎样才能确保安全呢？这完全依赖平时严格的训练。不然，在人来人往的餐厅里跑来跑去碰着别人，伤着自己怎么办？

麦当劳曾经开展过一场声势浩大的"挑战60秒"活动。服务人员在工作间隙或两人一组，或三人一组现场演练。一个人操作，另外的人观摩、点评，然后交替进行。发现不足立即改进，再演练，直到符合标准。

直到现在，这项活动依然在坚持！

3. 管理人员对下属的程序指导

优秀是教出来的，安全也是教出来的，干部是离下属最近的老师。

在日常工作中，干部应该利用一切可能，去跟下属讲解工作方法和要领，解答并帮助解决下属提出的疑难问题，培养下属按程序认真做事、安全做事的良好习惯。

管理人员首先应该是一个好教练，方法如下。

方法一：我示范、你观察

方法二：我指导、你试做

方法三：你试做、我指导

方法四：你汇报、我跟踪

下面是管理人员训练下属的步骤。

（1）消除紧张情绪

员工面对一项新工作或不熟悉的工作，往往有几分紧张，新员工尤其如此。如果培训人员板着面孔，被培训的员工往往会手足无措，结果会越紧张越错，越错越紧张。在正式培训开始前，可先找一两个轻松的、无关工作的话题，打消对方的紧张心理。心里一放松，培训就成功了一半。

（2）解说和示范

先准备一份简简单单的资料给员工，让其看后对要培训的内容有一个大致印象，然后再示范操作。

在操作时要将工作内容、要点详细说明，应重点说明安全装置的操作和求生之道。

尽量使用通俗易懂的语言。

必要时多次示范。

（3）一起做和单独做

管理人员解说和示范完成后，就可以与被培训的员工一起做。从第一步开始，每做完一步，就让员工跟着一起做，每做一步都要对结果进行比较，如有差异应该找到原因，要求员工自己修正。

每做对一步，立即口头表扬。

关键的地方，要让员工复述，看是否掌握。

（4）确认和再指导

观察被培训员工在没有人指导时工作的状况，看是否具备独立完成工作的能力——作业是否符合安全作业的要求，能否一个人独立工作，异常状况产生时能否独立修正。如果不具备，管理人员要对其进行再培训。

为什么我们管理人员常常感到很忙、很累？是因为工作的着力点出了问题，我们往往目不转睛地盯紧事，而忽略了对人的培养这一最关键的管理职能。下属做事的能力不高，导致问题（很多是安全问题）源源不断地出现，管理人员能够勉强招架已属不易。

4. 集体演练

集体演练就是一个班组或一个部门所有员工集合在一起，分成小组进行某一环节的作业训练，这是更大范围的"你练、我评，我练、你说"活动。这样的活动更便于集思广益、发现不足、即时纠正。

还有一点很重要，这种方式可以营造出更浓、更厚的安全氛围。

（三）安全操作程序是零事故管理的有力抓手

安全操作程序为什么能确保安全，成为零事故安全管理的有力抓手？从纯技术的角度能找到原因所在。

在企业安全管理中我们有两个一般性假设：一是管理对象是坏人，二是管理对象是傻瓜。

安全管理的目的是：坏人做不了坏事，傻瓜做不了傻事。怎样才能达到上述设想呢？制定好工作程序并严格监督执行。这等于给员工修了一条轨道，让员工沿着轨道走，不至于跑偏、出轨、出问题、出安全事故！

工作程序的制定首先是工作细化，而工作细化就意味着控制点增多，较多的控制点一定比很少的控制点更加安全。

以换灯泡为例，如果把换的过程仅仅分解为取下旧灯泡，换上新灯泡，那么控制点就只有两个。如果把过程细分为7步，就有7个控制点。很显然，7个控制点远比2个控制点更能保证安全，如图3-2所示。如果7个动作都分解清楚，然后针对每个动作去制定详细的标准，规范员工的行为，那么每个动作出错误的概率就小很多，整体作业出问题的几率就大为减少。

如果分解不清楚，将前三个合为一个，后四个合为一个，那么每个动作的标准都模糊不清，出错的概率就会大增。

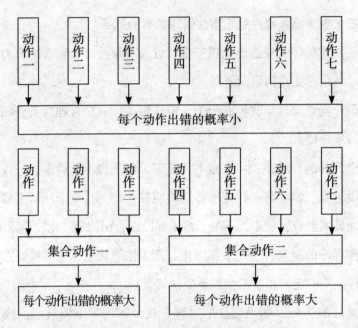

图3-2 换灯泡动作分解

下一节结合安全工作分析再详细说明这些条条框框。

三、风险细化到每一个环节、每一个步骤
——岗位安全工作分析

为了制定好岗位安全工作程序，需要借助一些工具，因为在某一操作环节会遇到哪些风险、怎样去应对都需要很好的考量，安全工作分析（JSA）就是这样一种载体。把通过分析得出的好措施、好办法固化在安全操作程序里，就能确保操作程序严谨、科学，避免安全操作程序不安全的现象出现。

岗位安全工作分析还有一个更重要的作用，那就是"警醒"员工。

在美国有一个机械师，他一直习惯把6寸宽的皮带挂到29寸正旋转着的皮带轮上。在一次操作中，他站在摇晃的梯板上，又穿了一件宽大长袖的工作服，没有使用拨皮带的杆，结果被皮带轮绞入碾死。

这位机械师的操作有四个问题：一是站在摇晃的甲板上，二是穿宽大长袖的工作服，三是没有使用拨皮带的杆，四是皮带轮正旋转。

事故调查结果表明，他错误的上皮带方法每天都使用，达数年之久。查阅他4年的病志，也就是急救上药记录，发现他曾有33次手臂擦伤的治疗处理。

是这位机械师不知道有危险吗？显然不是，33次手臂擦伤足以让一个

正常的人认识到这不是闹着玩的。但他为什么依然我行我素呢？

两个字：侥幸！再来两个字：麻痹。他可能认为这只是一些小问题，没有大碍。

员工意识不到严重的风险是一个大大的问题，多少惨烈的事故都因此发生。采取什么办法能让员工有一个清醒的认识呢？安全工作分析就是这样一个好工具。

通过进行岗位安全工作分析，员工真真实实地"触摸"到风险、隐患，操作时就会百倍地小心在意。尤其是工友们在一块就某一个工作事项进行探讨时，效果更好，警醒的作用更强。因为你一言我一语，你一个案例我一个事件，风险呈现得更具体、直观、醒目，更能给人留下刻骨铭心的印象。

怎样进行安全工作分析呢？

首先选择要进行安全工作分析的项目，下面是一些基本的标准。

新岗位、新机器、新工艺、新环境的作业，非正常的或临时性的作业。

无程序控制的作业，如无操作规程、无作业程序、无安全标准等。

现有的标准或程序不能有效控制风险的作业，也就是有标准或程序，但现有的太简单，或虽然很多但与实际状况不贴合，也应做安全工作分析。这是目前很多企业比较真实的状况，就是我都有，但不是很对，更谈不上很好。

可能或曾经造成重伤、死亡、严重职业危害或较大财产损失事故的作业。

也就是说，凡是没有做过岗位安全工作分析，又具有一定危险性的岗位都有必要纳入岗位安全工作分析的范畴。

需进行安全工作分析的具体工作事项举例：临时用电、进入有限空间作业、高处作业、吊装作业、长途搬迁、动火作业（火焰/火花）等。

安全工作分析的好处：

（1）风险管理细化到每一个具体的作业环节。

（2）由作业者本人管理自己作业中的风险。

（3）通过参与安全工作分析的编写、讨论和沟通，提高员工日常作业风险控制能力。

（4）消除工作场所中不安全、不合理、不经济的作业方式（工作安全分析过程本身也是一个培训过程）。

工作安全分析的步骤：

第一步：把工作分解成具体的子任务或步骤

分解步骤时应注意：不可过于笼统；不可过于细节化；参照原来的标准操作程序；待分析的工作事项原则上不能超过十步，超过十步的就应分开为两个单独工作事项。

第二步：识别工作进程中每一步骤的危害

危害：引起人员伤害或对人员的健康造成负面影响的都称作危害。

识别危害时应从人员、设备、材料、环境、方法五个方面充分考虑。

危害因素的类别：物理的、化学的、生物的、心理的、生理的、行为的危害，以及其他危害（如环境）。

下面是具体的说明。

物理性危害因素包括：设备设施缺陷、电危害、电磁辐射、噪音、振动、标志缺陷、机械、明火、高低温物质、粉尘与气溶胶等。

化学性危害因素可以根据物质类型、进入人体的方式、化学危害、化学灼伤等分类，下面进行具体介绍。

物质类型：易燃易爆性物质、自燃物质、有毒物质、腐蚀物质（液体、气体、固体）。

进入人体的方式：吞咽（口）、吸入（皮肤）、吸入（呼吸）。

化学危害：爆炸、氧化、燃烧、中毒等。

化学灼伤：刺激、过敏、引起癌变、生物性的突变、再生等。

生物性危害因素：细菌/病毒、传染病媒介物（肝炎）、致害动物、致害植物等。

心理、生理性危害因素：负荷超限、健康状态异常、从事禁忌作业、心理异常、辨识功能障碍等。

行为性危害因素：指挥错误、操作失误、监护失误、其他错误等。

环境危害因素：释放、溢出、污染环境的产品、土壤、地下水、总体的废物等。

第三步：评估风险

风险 = 严重性 × 可能性

严重性，指事故后果的严重程度，也就是事故可能造成人身伤害有多大，财产损失有多少。

可能性，指事故发生的可能性，即事故发生可能程度的高与低。

我们可以采用下面的风险矩阵表来表示、判别。

表3-2　风险矩阵

后果严重度		可能造成的后果				发生的可能性				
	人员伤害	环境影响	财产损失	社会影响	1	2	3	4	5
1	轻微	急救包扎事件	环境影响较小，采取简单的措施即可恢复	<50000元	局限在小范围内	1	2	3	4	5
2	一般	医疗整件	影响较小，需要采用一定的技术手段才能恢复	50000~100000元	单位范围内造成影响	2	4	6	8	10

（续表）

后果严重度		可能造成的后果				发生的可能性				
	人员伤害	环境影响	财产损失	社会影响	1	2	3	4	5
3 中等	轻伤	环境污染或损坏对员工和作业区域造成影响，需要采用一定的技术手段才能控制或恢复	100000~500000元	公司范围内造成影响	3	6	9	12	15
4 严重	重伤	环境污染或损坏对员工和作业区域造成较大影响，需要采用专门的技术才能控制或恢复	500000~1000000元	在行业内造成影响	4	8	12	16	20
5 非常严重	死亡	环境污染或损坏对周边公众和作业区域以外的环境造成重大影响，可能导致作业难以正常开展	≥1000000元	在国际上造成影响	5	10	15	20	25

发生的可能性：

1. 不可能发生（行业内没有发生过此类事故）。

2. 可能性比较低（BGP没有发生过此类事故）。

3. 可能发生（BGP曾经发生过此类事故）。

4. 可能性较高（BGP近三年发生过此类事故）。

5. 非常可能发生（BGP每年内均发生此类事故）。

风险等级：

1. 深色区域为高风险，白色区域为中风险，浅色区域为低风险。

2. 风险等级为高时，不得进行相应的活动或作业；风险等级为中风险时，应采取控制措施，持续加强监督管理；风险等级为低时，也应采取必要的控制措施。

注：1. 判定发生可能性还应综合考虑人员暴露事件、人员的经验和培训、控制程序、装备和防护用具等情况。

2. 人员伤害、环境危害、财产损失和社会影响的后果严重程度之间没有等同关注，如发生医疗处理事件并不等同于财产损失≥5万元。

3. 评介中应优先考虑人员伤害后果。

读者朋友看到这里可能会有似曾相识的感觉，与上一章有些类似。是的，单从风险分析的角度来看，确实结构相似。因为，安全管理的核心就是风险控制。但从程序上控制风险和从流程上控制风险却有本质上的不同。从流程上控制风险着力点在于衔接，重在化解岗位与岗位、部门与部门配合过程中产生的风险，更多的是管理者应该干的"活路"。从程序上控制风险落脚于细化，盯住的是单岗位工作事项，立足化解工作进程中每一步骤可能带来的风险，主要是一线员工应该时时关注的"地盘"。

一句话来概括这两种风险控制：一管理一操作，一体系一细节。

第四步：制定风险控制措施

就是发现了风险，在现有的条件下，采取一定的措施把风险程度控制在最低状态之下。

可以采取的具体措施如下。

消除：消除风险，采用技术等手段从源头上去除风险，例如用机械装置取代手工操作，把压缩机从工作场所的室内移到室外以减少噪音。

替代：采用一些新的替代品、新的作业方式规避风险，例如利用小包裹取代一些不合理的包装方法，减少人工操作可能带来的风险。使用危害更小的材料或者工艺设备，减低物件的大小或重量，使用机械手、自动控制器代替人的操作等。

减少：采取措施把风险降低到最低程度，因为有些风险是没有办法完全消除的，只能把风险控制在可以接受的水平。这是风险控制的常态。

具体的削减风险措施如下。

工程控制：采用工程技术手段降低风险。比如在机器设备上加防护栏、防护罩隔离机械、电力。在特殊情况下对动力装置上锁，避免事故发生等。

管理控制：利用管理手段去削减风险，如操作程序、工作许可、检查单、减少暴露时间等。

防护设备：穿戴好劳保用品，个人防护用品必须适用、充分，适合完成工作任务的需要。劳保用品不是风险控制的第一选择，但它是确保安全的最后一道屏障。

下面还是以换灯泡为例，来说明安全工作分析的过程。

换灯泡可以分解为七个步骤，如图3-3所示。

（1）断电

（2）搬梯子

（3）打开梯子

（4）登梯子

（5）卸灯泡

（6）换灯泡

（7）下梯子

工作步骤	危害因素	危害后果	风险评价	控制措施
1. 断电 2. 搬梯子 ⟹ 3. 打开梯子 4. 登梯子 5. 卸灯泡 6. 换灯泡 7. 下梯子	1. 搬起梯子方式不正确 2. 搬运过程梯子滑落 3. 没有避让他人	1. 扭伤 2. 砸伤 3. 碰伤他人	可能性：4 危险性：3 风险值：12	1. 对搬梯子人员进行梯子搬运方式培训 2. 搬运过程中控制速度 3. 遇到他人提前提示

图3-3 JSA练习——换灯泡

为了简明，只对搬梯子这一环节进行了危害因素分析。

上面是比较专业的安全工作分析，有一定的技术含量，普通员工可能有点望而生畏，不利于普及推广。但当把工作分析表简化以后，完全可以拿来让全体员工都对自己所做的工作进行分析。

让员工借助安全工作分析表逐条、逐项思考风险，提出应对措施。这样做有两个方面的好处：一是集中全体员工的智慧，发现风险、控制风险；二是对员工产生很好的安全教育作用。因为很多安全事故都是因为操作人员没有强烈地意识到风险,在麻痹大意中误操作产生的。

风险分析也是人多力量大,一次我在空军上精细化管理与安全生产课,参训的单位很多,有后勤维修工厂,也有野战航空师等。当时现场让学员做工作安全分析,题目就是换灯泡。四个团队,共同的主题,各团队分别登台讲解自己的分析,然后进行了切磋、交流。经过互相的碰撞、启发,大家都发现,尽管这份分析是几个人牺牲午休时间、群策群力的成果,但仍然有安全"死角",所以最后每一个团队都得到了提升,都进一步完善了自己的分析。大家一致表示这样的形式很好,回去后一定好好探讨,在自己的部队广泛开展此类活动。

像上面空军的案例那样,可以在基层一线大量采用安全工作分析方式推动企业安全工作的开展。军队、地方企业的实践证明,这确实是一个调动员工参与积极性的好方式。让他们就某一工作事项在类似表3-3中分析分解,利用班前会、安全例会、演讲会等让员工展示。员工们在台上分析得头头是道,加上台下工友们的附和鼓励,做分析的员工会很有成就感,瞬间就能点燃台上台下火热的激情。

表格的设计可以根据自己企业的特点变化,但能简化的一定要简化,以适应基层员工的认知和需求。

不管什么东西,只要复杂一点点,执行力、参与度就会下降一大截。

表3-3　简化后的JSA分析表

工作名称 _____		使用设备或工作 _____
工作地点 _____		使用的材料物料 _____
作业人员 _____		个人防护用具 _____

工作步骤	潜在危害	安全工作方法、措施

上面这个安全分析表就简化了很多，只有三栏，一是工作步骤，二是潜在危害，三是安全的工作措施。正因为简单，员工才容易上手，安全工作才容易开展。日本人常常说的"少即是多"就是这个道理。这张表简单化后实际就是一张小卡片，在很多企业安全管理实践中，一线员工给它取了一个形象的名字——风险预控卡，如表3-4所示。JSA一听就是"洋货"，改名后是不是立马变成中国的土特产了呢？

表3-4　某煤矿铺采煤面金融顶网风险管理卡

编号：

岗位名称	采煤工				
作业程序及其危险源	作业程序	危险源	风险类型	风险及其后果描述	风险等级
	1. 挂网	未按要求挂网	人	导致顶网之间分布不均，产生空隙，可能造成漏顶事故发生	★★★
	2. 穿上联网铁丝	未按规定穿上联网铁丝	人	导致部分没有联上，产生空隙，可能发生漏顶事故	★★★
	3. 联紧拧牢	没有联紧拧牢	人	联接强度不够，顶压增大时，联网铁丝脱扣，可能发生漏顶事故	★★★
		站立位置不正确	人	可能被运行的刮板机刮倒，发生人身伤害事故	★★

下面是我们团队在咨询业务中实际做过的一个案例，其核心做法就是"风险预控卡"的应用和推广。

某煤矿属于安全隐患突出矿井，井下水、火、瓦斯、煤尘、顶板、地压"六毒"俱全，生产环节多，安全管理难度大。

我们咨询团队介入后发现，该矿在安全管理上有如下两项突出问题：

第一，安全管理理念相对滞后。缺乏系统的管理理念和方法，造成安全周期相对较短。大小事故时有发生，常常是按下了葫芦起了瓢。

第二，一线职工对安全管理认识不高，对安全管理工作的开展有惰性，甚至有抵触情绪！

我们咨询团队结合该矿实际，经过小组会议讨论后决定，建议并配合企业通过在一线推行风险预控卡（岗位安全工作分析）活动，以带动该矿整体安全管理局面的提升（后续跟进其他措施、方法）。

当我们着手推行风险预控卡时，面临很大的阻力，表现在如下几个方面：

（1）认识不到位

相当一部分职工认为井下现场安全管理靠经验和眼力就行了，根本不需要什么新的安全管理手段、工具。这些人没有认识到风险预控是对现场作业风险的系统梳理，也体会不出它的超强"魔力"。

（2）职工积极性不高

井下环境条件差，劳动强度大，体力消耗多，职工上井后只想喝酒、打牌、休息，懒得去进行风险预控学习，甚至有强烈的抵触情绪。

（3）学用"两张皮"

有部分职工即使掌握了风险预控卡的内容，到作业现场也不会认真确认，更不会主动结合实际活学活用，存在着严重的学用"两张皮"的现象。

对此，我们采取了一系列有针对性的措施：搭平台、摆擂台、建舞台、严考核等。

搭平台：每一个区队按照矿里的统一部署，要求每一个员工都结合自己所从事的岗位，填写统一格式的岗位风险管理卡，职工岗位应知应会等。这项工作过去也安排过，但都是雷声大雨点小，没有真抓实干。这一次完全不一样，有布置、有辅导、有督导。矿上还制定了风险预控管理办法，从制度上保证风险预控管理在班组的推行。

摆擂台：各区队以多种形式，组织职工学习风险预控管理知识。例如综采三区就利用班前、班后、安全例会开展各种活动，举办风险预控擂台赛来促进职工学习风险预控，使这项活动开展得既轰轰烈烈又扎扎实实！

推行班组看板管理，各个区队以风险预控管理为切入点，按照全员、全方位、全过程参与的要求，引导各班组结合自己实际情况设置班组看板，通过风险预控龙虎榜、风险预控亮相台形成"比学赶帮超"的良性互动局面。这对那些有点后进的员工形成一定的压力和推动力。

严考核：总有极个别的员工任你采用什么样的方式，比如，鼓动、谈心、竞争，他总是不为所动、我行我素。对于这样的员工，只有采用考核的方式去推动。严格按照已制定的规则，该怎样奖就怎样奖，应如何罚就如何罚。还有一点也很关键，就是奖罚规定一定要提前公布，做到人人尽知。

通过以上这些举措，该矿风险预控管理方法得以在一线有效推广，进而带动安全管理整体局面持续好转！

某区队职工老房，刚开始时对风险预控有抵触情绪，认为这是领导在有意刁难职工，为逃避考核，长期请病假，甚至一度动了辞职的念头。后来在工友和领导的帮助下，在学习氛围的感染下，他产生了学习兴趣，对风险预控的掌握水平不断提高，在矿风险预控比赛中取得了第一名的好成绩。该职工最后成为矿风险预控学习的标兵，不仅自己学习风险预控，还带动周围的职工组成学习小组一起学习。

从这个案例中大家可以看出环境对人的巨大改造、同化作用。关键是氛围有没有真正形成，势能是否足够强大。

图3-4 员工在学习风险预控内容

图3-5 员工参加风险预控安全确认大赛

本章练习

练练笔：填几个空，安全工作就会有新思路。

通过本章的学习我收获了以下几点：

1.＿＿＿＿＿＿＿＿＿＿＿＿＿＿＿＿＿＿＿＿＿＿＿

　＿＿＿＿＿＿＿＿＿＿＿＿＿＿＿＿＿＿＿＿＿＿＿＿

　＿＿＿＿＿＿＿＿＿＿＿＿＿＿＿＿＿＿＿＿＿＿＿＿

2.＿＿＿＿＿＿＿＿＿＿＿＿＿＿＿＿＿＿＿＿＿＿＿

　＿＿＿＿＿＿＿＿＿＿＿＿＿＿＿＿＿＿＿＿＿＿＿＿

　＿＿＿＿＿＿＿＿＿＿＿＿＿＿＿＿＿＿＿＿＿＿＿＿

3.＿＿＿＿＿＿＿＿＿＿＿＿＿＿＿＿＿＿＿＿＿＿＿

　＿＿＿＿＿＿＿＿＿＿＿＿＿＿＿＿＿＿＿＿＿＿＿＿

　＿＿＿＿＿＿＿＿＿＿＿＿＿＿＿＿＿＿＿＿＿＿＿＿

4.＿＿＿＿＿＿＿＿＿＿＿＿＿＿＿＿＿＿＿＿＿＿＿

　＿＿＿＿＿＿＿＿＿＿＿＿＿＿＿＿＿＿＿＿＿＿＿＿

　＿＿＿＿＿＿＿＿＿＿＿＿＿＿＿＿＿＿＿＿＿＿＿＿

经过对比，我们企业、部门目前安全工作中还存在以下几点不足：

1.＿＿＿＿＿＿＿＿＿＿＿＿＿＿＿＿＿＿＿＿＿＿＿

　＿＿＿＿＿＿＿＿＿＿＿＿＿＿＿＿＿＿＿＿＿＿＿＿

　＿＿＿＿＿＿＿＿＿＿＿＿＿＿＿＿＿＿＿＿＿＿＿＿

2.＿＿＿＿＿＿＿＿＿＿＿＿＿＿＿＿＿＿＿＿＿＿＿

　＿＿＿＿＿＿＿＿＿＿＿＿＿＿＿＿＿＿＿＿＿＿＿＿

3._____

_____

_____

在现有条件下，我们立即能做好的是：

1._____

_____

_____

2._____

_____

_____

第四章

从制度上控制风险
——零容忍才能零事故

一、为什么安全制度只是陈列室里的摆设?

有一位高管说，我们这里什么都缺，就是不缺制度，安全管理方面尤其如此。

有的企业将安全管理制度高高挂在墙上，让人有一种居高临下的姿态；有的部门将各种制度装订成册，整整齐齐地摆放在陈列室里，供领导、同事、访客或带着欣赏、或带着羡慕的心理查阅。

这是好事，说明我们的安全观念、安全意识已经上升到一定的层面。

但制度能不能够切实执行，有没有起到应有的管束制约作用，确保我们企业的安全呢?

很少有人思考这些问题，这样说可能有点不太客观，但确实很少有人真正思考过这些问题。

很多企业一而再再而三地发生低级、简单的安全事故，由此可见一斑。

有的管理人员可能对此嗤之以鼻：这种上不了台面的错误怎么也不可能在我们单位发生！

且慢，话不要说得这么绝对，今天不发生，不代表明天不发生，更不意味着永远不会发生。中国不是有一个成语叫"防微杜渐"吗? 不是还有一句老话叫"小心驶得万年船"吗？

其实安全事故的发生，尤其是重特大事故往往都出现在企业安全形势最好的时期。换句话说，就是在很长时间没有出现安全问题的时候，因为风险往往就在大家笑逐颜开中聚集。

下面就从其他企业的案例中，吸取一点点经验和教训吧。

2014年3月21日，昆明市官渡区几名施工人员在疏通排水管窨井时发生意外，事故造成4人遇难，1人受伤。

事情的经过是这样的：

为解决官渡老街排水管道堵塞问题，官渡街道办事处官渡社区将老街片区排水管道疏通工程承包给农民工范某。3月21日14时，范某带着3个人在对官渡社区卫生院对面的一个窨井进行疏通时，由于吸入硫化氢等有毒有害气体，3个人死亡，范某受伤。在事故发生时，路过事发地的杨某下井救助遇险人员，救出一人，但当他第二次下井施救时，自己却因吸入有毒气体不幸遇难。

针对这次人身伤亡事故，人们提出如下几个疑问：

（1）为什么这么危险的密闭空间作业不请专业的施工队伍，而是请没有任何经验的临时工来做？

（2）官渡街道办事处管理人员熟悉不熟悉有关的安全管理规定？

（3）范某施工前知不知道有关的密闭作业常识，了解不了解作业应该遵循的步骤、方法？

这些问题可能永远也不会得到标准答案，人们只有发出一声长叹！

4条人命就这样糊里糊涂地失去了吗？

是没有相关的制度、规定吗？

我想不应该，也不可能，到底是为什么呢？

主要还是制度的执行力问题，也就是我们常说的有制度无执行。

二、制度执行不力到底原因何在?

为什么在很多企业用血和泪换来的教训往往被弃在一旁，一次又一次地用血和泪来验证呢?

下面是我总结出的几个主要原因、原因背后的原因分析，同时在自己力所能及的范围内，提出了解决这些不良状况的措施、办法。相信会对大家有所启发、帮助。

（一）管理层想当然地制定安全管理制度

在安全管理推进过程中，绝大部分管理人员往往喜欢随心所欲地制定一些制度，期望这些条条框框可以帮助他们堵住边边角角上的漏洞，避免大大小小的差错、事故的发生，却往往事与愿违! 原因何在呢? 细究起来当然很多，其中主要的一条是，这些制度只是管理者或管理层闭门造车的结果，并没有经过必需的从上到下的层层发动，从下向上的集思广益，只能得到执行扭曲、执行打折扣、执行走样的结果。

任何一项制度的出台与执行，必须广泛征求员工的意见，经过大家反复讨论。这样，制度执行时阻力就会少很多。没有一个人会喜欢强加在自己头上的东西，只愿意执行自己已理解、认可的东西。

毛泽东制定三大纪律八项注意，也经过了这样一个过程。在那个特定的年代，红军战士的文化程度普遍都不是很高，很多人都是大字不识一斗的文盲。毛泽东很有耐心呀，刚开始时还不是三大纪律八项注意，而是三大纪律六项注意。在三湾改编时，他拿着草稿逐个征求战士的意见。到了这个跟前问："捆铺草、上门板，理解不理解，应不应该？"回答："应该。"到了那个跟前问："洗澡避女人，理解不理解，应不应该？"回答："理解、应该。"好，这样一来就达成了共识，执行时就没有任何异议，于是才打造出人民解放军这支威武之师、文明之师。

在制定企业、部门安全管理制度时，应该也必须走好民主程序，让员工积极参与进来，鼓励他们多提合理化建议。必要时可通过召开职工代表会或干部员工代表会的形式，讨论并表决通过相关制度，形成"大家的制度大家定，大家定了必执行"的良好互动局面。

让广大员工参与制度的制定过程，还有一个好处——可以汇集员工的经验和智慧，这样制定出来的制度才是最合理的、最切合实际情况的，可执行度才是最高的。这里有两方面的原因：其一是"众人拾柴火焰高"，每一个员工好的意见、建议集合在一起往往能达成比较圆满的成果，再加上融合过程中的碰撞、取长补短，更易产生最好的结果。其二是管理人员并不是在所有的方面都比员工更熟悉情况，也不一定都更有智慧。通过"大家事情大家办"的方式制定出来的制度才是最具操作性的。

我们很多管理者习惯从网上搜索条款，然后不管具体情形就照搬照用！这样的制度到落实层面，状况可想而知。即使抄袭，也应该抄得有水平，不然就是瞎子点灯——白费蜡。把别人的东西拿过来借鉴、使用是可以的，但需要经过以下步骤：

（1）在网上找一个与你单位、部门情境相近的安全管理制度作为样本。

（2）根据你单位的实际情况进行修改和补充。

（3）将新制定的规章制度交到相关基层部门进行实践讨论，再次修订。

（4）待制度具有实用性、有效性、可操作性时再试运行。

（5）试运行过程中精华的保留，糟粕的剔除。

（6）进一步疏理使之成为你单位、部门的安全管理制度。

品味一下，这是不是有点从群众中来到群众中去的味道？

（二）没有对规章制度进行评估

很多管理人员都有这样的观点：有制度比没有制度好，多总比少好。凡是需要对员工约束的地方就制定出制度来，至于这个制度是不是符合客观情况，能不能在实际工作中有效执行，执行后能不能带来预期效果，制定的时候不会也不愿多想。

比如某公司制度规定，连续4个月没有发生一次伤害事故（包括轻微伤害），公司给予小组成员每人50元的奖励。

大家仔细思考一下这一规定，就会发现在这个制度下可能会出现一些刻意的行为。比如作业造成手部小的擦伤，自己找一块创可贴贴上，绝不会到公司医务室处理。员工这种刻意隐瞒的行为还会受到绝大多数同事的鼓励，包括其上级主管。因为他们害怕损失收入（不但得不到奖金，还有可能被罚款）、可能的提升机会（很多公司都有一票否决的规定）。

怎么办，借鉴交警管理交通的经验。制度应主要针对过程和行为，而不是仅仅与结果挂钩。就是说只要你违章了就要受到教育或处罚，而不仅仅是发生事故以后。

针对性和可行性是制定制度时必须要坚守的两个原则。

有一次我在某安全部门看到一大本制度汇编，拿过来一看，内容很充实，前半部分是公司层面的安全制度文本，后半部分是部门自己的相关制度、规定。我就问部门经理："你的这些制度能够在工作中执行下去吗？"部门经理回答说："有些能够执行，有些不能够执行。"

我问："为什么？"他说："有些制度条款如果严格执行会引起员工的普遍不满！"比如说制度条款规定，在工作现场必须按照规定穿戴劳保用品，发现一次违规罚款100~200元。如果严格照此执行，很多员工心里面就会想不通，因为在长时期工作过程中，有意无意疏忽一次，谁都不可避免。

比如，在大热天穿上厚重的工作服、笨重的绝缘靴和手套，戴上安全帽，难免会让人觉得不舒服，所以很多员工都会在不经意间偷偷宽松一下，透透气。

一个比较好的办法是对这条制度进行微调，使之更加人性化！比如，选购轻、透、薄材料制作的劳保用品。区分作业场所，作业内容规定具体穿着标准、要求等，不搞一刀切，这样就能降低执行的反弹力度。

我建议他发动部门管理人员乃至全体员工，对制度提出改进的意见和建议，可以当面口头表达出来，也可以写信给他，还可以发到部门工作邮箱里，甚至可以在QQ、微信上与他互动交流。

在正式的会议上明确地告诉大家，就是希望大家把规章制度里边不能实施的东西提出来，如果有，就把它抽掉，不要叫它丢人现眼。

做不到的事情就不要写进去，其目的就是要不断使制度精确化。

制度设计有两种思路：

一种是制度条款写得很多，面面俱到，至于能不能做到，能不能执行到位，考虑得很少。反正多比少好，说了等于做了，强调了就等于做到位了。

另一种是宁愿少写一些，但写一条就要做到一条，以后再逐步完善。这是一种富有挑战性的制度设计思路，是需要勇气、魄力的抉择。制度少而精的企业、部门，对制度的执行一般都表现出更大的信心、决心和勇气。

制度评估的两种主要方式——制度推演和试运行。

（1）制度推演

推演就是模拟。每制定一条安全制度，管理人员都要以一定的方式实地探究一番，真正考查一下这一制度执行的可能性、可行性。比如，严禁员工在工作场所吸烟，那么就找一个烟瘾比较大的管理人员，在工作现场蹲点一天或两天试一下，看他能不能坚持，如果不行的话，就要考虑是不是应该开辟适量的抽烟点，这样既坚持了制度的刚性，又保证了制度的人性化。

（2）制度试运行

有些制度是不适宜做现场推演的，比如安全考核奖惩制度，但可以以试运行的方式来做推演。给这个制度一个运行观察期，在观察期内对其进行评估，好的坚持，不适合的改进。

某快递公司快件分拨中心的主要工作都是在夜间进行。为了保证安全，公司做出了严禁工作时间抽烟的规定，违者罚款200元。因为在到处都是货物的现场抽烟，很容易导致火灾。

公司在制定制度时就明确说明，该制度试运行一个月。

但禁令没起任何作用，总有一些员工在操作场地抽烟、玩手机、打游戏，而且还不在少数。原因是工作在夜晚进行，人很容易疲倦，这些方式是一种调剂。

公司就要求员工举报，并给予举报人物质奖励，但没有任何回应。

没有办法，公司尝试通过建立巡查制度，来解决这个问题。结果是管理成本大幅增加，但效果却并不理想。由于快件分拨是在夜间进行，管理层夜夜巡查、白天无精打采，日常管理全被搅乱了。

问题到底出在哪儿？通过走访调研了解到：带头违规的，往往是一些现场主管。

员工不愿意出面举报，是担心被现管领导记恨，在未来工作中遭到报复，由此形成"上级管不到、同级不好管、下级管不了"的局面。上行自然下效，你抽我也抽，你玩我也玩，到后来是大家一起抽、一起玩，所以才会屡禁不止。

显然，在这种状况下单单靠提高奖惩力度是远远不够的，甚至是无济于事的。重赏之下，未必有勇夫。

根据这一分析，公司把原来的制度条款修改为：严禁工作时间抽烟、玩手机，如果主管违反规定，员工举报经查证属实，除给予经济奖励外，举报人取代现任主管职务。

规定出台至今，并无任何一个主管被取代，但操作场地违规抽烟、玩手机的现象却再也没有了。

这就是试运行，在摸索中前进，好的坚持，不尽如人意的改进。

（三）仓促上马，造势不够

有些制度确实可行，也必须要"行"。

如果管理者推行时过于仓促，没有做必要的铺垫工作，也会造成制度在执行时打折扣，甚至不了了之。

一家刚刚成立的酒店，某日请某管理专家来饭店指导工作。离开时，这位专家对酒店的盛情款待表示感谢，同时提出了几条建议，其中有一条是应该规范员工的行为。因为这是一家四星级的酒店，酒店的一草一木、员工的一言一行都应与之匹配。据他观察，在这家酒店，从管理人员到普通员工，行为举止都比较随便，如手插口袋、工作场所拨弄头发、两三人并行等。

酒店总经理听后觉得很有道理，当天就布置总经理办公室拟订一个员工行为规范，并于第二天下午召开部门经理会议布置贯彻执行，第三天下午发放到每一个员工手中，第四天开始执行。为了加强执行的力度，规定凡是违反行为规范者，扣发当月奖金。

遗憾的是，由于不熟悉礼仪加之抵触心理，执行的第一天就有相当一部分人违反了该规定。法不责众，最后该制度只好不了了之。

大部分制度的推行都应该有一个预备期，因为决策从容，执行才能坚定。预备期怎样"预备"呢？这里我有两点建议：

第一，进行适当的培训。

通过培训，让下属比较容易执行制度，或从心理上能够接受这项制度。再来看刚才那个案例，如果酒店管理方在颁布该制度前，进行一定时间的训练，比如为期一周的员工行为礼仪训练，那么就不会出现推行时大面积违规的现象。

第二，先造势，后推广。

俗话说：冰冻三尺，非一日之寒。员工有些行为已根深蒂固，想5分钟之内就把它改变过来，很不现实。管理干部要有一种"磨"的精神，先营造一种氛围，然后有步骤地解决。

汪中求老师在很多场合都讲过自己"禁烟"的故事。

那一年，他还在化工企业当总经理，其间下决心让全员戒烟，因为在工厂区域内吸烟对安全方面造成的隐患太大了，随便一个小小的烟蒂就有可能是一场大火、爆炸等。但随意吸烟这个习惯太强大了，纠正起来着实不易，他没有一上来就下命令，而是采取了以下5个步骤：

第一步，在一次干部会上，他宣布："汪中求今天开始不抽烟，你们大家抽不抽我不管，我不抽烟，先做给你们看。我从上大学到现在一直在抽烟，但从宣布之日起，不抽烟，我说到做到。"他把这个决定公开告诉大家，请大家监督，目的是传达一种信号。

第二步，过一段时间以后，他在全公司搞了一次支持戒烟的集体签名活动。工厂大门上挂上一条巨大的横幅，上书"防火人人有责，提倡人人戒烟"，全厂300多人，无任何统一号召，近200人在横幅上签名（还有一部分家属也来助阵，签名支持戒烟）。同时，在大门外边2米处划上一条很醒目的黄线，也大书10个字"重点防火单位，严禁吸烟"。为什么不以大门为界线呢？往大门外推出2米，并无禁烟的技术意义，但前移2米，在警示意义上却完全不同了，彰显了公司禁烟的决心和意志。

第三步，颁布一条纪律"不许流动吸烟"。工厂规定了3处吸烟区：一是老板的办公室，二是指定一处吸烟区，第三处就只有厕所了。吸烟区也特意设计一下，必须从厕所穿过才能进入。目的是不让吸烟者觉得抽烟是快乐似神仙，而是很别扭地去对付一下自己的旧好。

第四步，15天倒计时，每天把已戒烟的人员名单从烟民名单中移过来，一张白纸黑字，一张红纸金字，每天白纸上的名单不断减少，红纸上的名单不断增加，每一个烟民每天都有压力。这叫"鱼缸管理"。

第五步，才是全厂禁止抽烟，并将此条写进员工守则，连来公司的客户都同样做到。市长来了，也要求他做到，市长不仅热情配合，还到处讲公司管理规范。

戒烟本算不上大事，但切实做到，却也并非易事。必须小事当大事做，采取行之有效的方法，一步一步，越来越严，让员工慢慢习惯，最后达到管理者的要求。

（四）员工不了解制度，没有经过培训

对员工进行制度方面的培训主要有两个原因：

一是有些制度在执行时需要员工具有一定的技能，比如安全作业记录，员工必须熟悉相关名词、术语、字体等，才有可能规范记录。这种情况下，应该首先给员工上课，当然上课的地点可以灵活多样，比如班前会、周例会等，不一定是正式的课堂。

培训的"量"是不一样的，应"因度制宜"。由于制度执行的复杂程度不一样，需要的技能储备不一样，有些制度需要进行大量的培训，有些只需要少量的培训。

二是制度条款需要入脑入心。很多部门制定了安全制度以后就把制度文本束之高阁，根本没有组织员工学习，即使学习也是偶尔为之，并没有产生实际效果。这样，员工对本部门众多的安全制度往往不熟悉、不理解，更谈不上记忆。大家想一下，不熟悉、不理解、没记住，再加上人的本性都拒绝被管理，因而不择不扣地执行就完全是一句空谈。

德胜公司的制度学习就属于后一类。

德胜人（包括高层、中层、基层所有员工）每月1日、15日都要以部门为单位，组织学习制度两次，一年二十多次。

如果学习时间与工作（如晚加班）发生冲突，应以学习优先。

用于学习制度的时间一般在半小时左右，内容通常是员工读本中的部分制度，如试用员工条例、安全制度等，以及各个部门自己的制度规定。此外，还会读一些与岗位密切相关的安全、卫生方面的小常识。

学习刚开始时由主持人朗读，大家听。后来觉得这种方式比较枯燥乏味，便改为大家轮流读，一人读一条讲一条。如此一来，每个人都不敢怠慢，都会全神贯注，以免轮到自己时脱节。通过这种方式，有效地避免了学习制度时打瞌睡、走神等不良现象，克服了学习制度流于形式、敷衍了事的问题。

制度和有关文章读完之后，常会结合工作上的问题做一些讨论或者工作上的安排。一般人读10遍8遍之后，对制度的相关条款就熟悉了，但是德胜公司每个月都要学两遍，坚持不断地学，这是为什么呢？因为人的大脑里面装着数以百万计千万计的信息，随时查找到要用的信息并不容易，只有不断重复刺激、强化所需信息，才容易找到它们。

“两乐”（可口可乐和百事可乐）我们大家都熟悉，可以说是家喻户晓，为什么它们还在不断地做广告？为的就是不断刺激强化记忆，加深印象，以使人们在需要购买饮料时第一时间能够想到它们。

制度的重复强化学习也和广告一样，可以加深印象，使人们在工作时、在生活中时时联想到制度，在可能违反制度的一刹那受到提醒和警示，从而打消违规的念头和举动。

其实，管理的过程也是不断说教的过程，反复的次数越多，给人的影响越大，印象越深，效果越好。

当然，除了上面介绍的正式的会议学习外，还可以根据企业的具体情况采取灵活多样的学习形式，比如将安全规章制度及解释在宣传栏张贴、内部网公告、发送到员工个人邮箱、以短信的形式发送到员工的手机上等。

（五）习惯性违章

当羊群出栏的时候，用一根棍子挡在门口。第一只羊会跳出去，当第二十只羊跳出去后，把棍子拿走，第二十一只羊还是会跳出去，这就是惯性思维，与此情境类似的违章被人们通俗地称为"习惯性违章"。

习惯性违章是指违章已经成为习惯，是有意无意中进行的动作。它有一个非常典型的特征，那就是频繁或重复出现。

据有关统计，90%的事故都是由习惯性违章造成的。

1. 习惯性违章的种类

（1）作业性违章

作业性违章指职工工作中的行为违反规章制度或其他有关规定。比如进入生产场所不戴或未戴好安全帽；操作前不认真核对设备的名称、编号和应处的位置，操作后不仔细检查设备状态、仪表指示；未得到工作负责人许可工作的命令就擅自作业。

有一位安全管理人员同我讲过这样一个案例：某车间相隔不到三个月发生两起相同的高空坠落事故，都是员工在大约7米高度作业时不慎掉落，但结局却大不相同。一个员工基本安然无恙，另一个员工却不幸身亡。巨大区别的唯一原因是，前者安全帽戴得很标准，牢牢地系紧了帽带。后者没有系好帽带，导致坠落过程中安全帽与人体分离。

我们无从知道那位不幸遇难的员工为什么在高空作业时如此马虎，但有一点却可以肯定，他的行为绝不是第一次，如果悲剧没有发生，也不会是最后一次。

（2）装置性违章

装置性违章指设备、设施、现场作业条件不符合安全规程和其他有关规定。

（3）指挥性违章

指挥性违章指工作负责人违反劳动安全卫生法规、安全操作规程、安全管理制度等进行的不合理指挥行为。

在这三大习惯性违章中，作业性违章、指挥性违章占比更高，是导致事故发生的最主要原因。

某水泥有限责任公司某日发生爆炸，造成9人死亡，1人受伤。事后调查，事故原因是平时负责矿山"钻孔"的工人去做了"卸炸药"的工作。

违章指挥是这起事故的罪魁祸首，有关管理人员受到严厉处罚！

人们事后反思：管理人员为何如此麻痹、大胆，这般"调兵遣将"？

"钻孔工人"明知自己是非"卸炸药"特殊工种，为什么又能同意去卸炸药，视自己的生命如儿戏，视被伤及的无辜工友的生命如儿戏呢？

零事故管理非常强调的一点是，管理者一定要认为"每一个员工都是不可或缺的"，员工自己也一定要敬重自己的生命，容不得半点轻视和疏忽。

2. 习惯性违章的原因

（1）从众心理

首先看下面一幅漫画。

图4-1　引发事故的从众心理

亲爱的读者，你看了后有什么感想？是不是觉得漫画的主人公既愚蠢又胆大，而且是胆大之极，竟然敢在炸药包旁吸烟？

其实，生活中、工作中这样的事例屡见不鲜。

大马路上，红灯停、绿灯行，应该是人人皆知的交通规则。可是，有些人（不在少数）就是不理这个规定。从众心理是违章大军产生的一个主要原因。只要有一个人带头闯红灯，其他人就会接二连三地加入其中，造成你闯我闯大家闯的局面！

在工作中，一些职工常常有这样的口头禅："过去多少年都是这样干的，也没出事，现在按条款干太麻烦，不习惯。"因此，就很容易习惯成自然，有意无意地按老的经验和方法操作，自觉不自觉地违反操作规程。

（2）代代相传

代代相传就是一代传一代，小的效仿老的，具有很强的延展性，更容易迷惑人、诱惑人。你看我师傅几十年都是这样操作的，不是好好的，一根汗毛也没有掉吗？殊不知，当各种条件具备的时候，想当然的不可能就会瞬间变成完完全全的灾难。

某日下午13：30左右，一个工业园区的一家机械配件公司里，冲床正在快速运转着。43岁的李女士没戴安全帽，她弯腰去拿地上的产品，起身的时候意外发生了：头发被卷进冲床！她的头皮严重撕裂，当场出现失血性休克。

李女士是两个孩子的母亲，家中还有双方的老人需要照顾，事后家人都责怪李女士太不注意安全，不在意自己的身体，李女士说看到其他老员工都是这样作业的，自己也多次这样做，都没有事，谁知这一次……

（3）麻痹侥幸

很多职工没有"不怕一万，就怕万一"的防患于未然的意识，认为偶尔违章不会产生什么后果，往往领导在时我注意，领导不在我随意，无视警告，无视有关的操作规程，盲干、蛮干，久而久之习惯成自然。

在大庆有"四个一样"——"对待革命工作要做到：黑天和白天一个样，坏天气和好天气一个样，领导不在场和领导在场一个样，没有人检查和有人检查一个样"。大庆的很多精神到现在并不过时，用在安全管理上尤其贴切。

在某建工地内，早8点刚上班，几名工人推着搭好的铁架子往彩钢房旁边走，准备开工干活。铁架子大约有7米多高，挺沉的，当时有几个人在底下推，但还是很吃力。没多久又来了几个帮忙的，就在他们快接触到铁架子的时候，出事儿了——铁架子上边接触到了架设在那里的高压线了！"咣咣"几声巨响过后，下边正在推铁架子的几个工人身体瞬间就被火球覆盖了。

事故造成4死3伤。

大家都知道那地儿有高压电，但谁也没往细里寻思，都以为没事儿。还有一个原因很重要，那就是为了尽快完成任务，大家都一门心思想着工作，很少去顾及安全，包括基层管理人员。

后来处理这个事故时，一个被同事一砖头打离铁架，侥幸逃生的工友对调查人员说，若不是工长让往前推，大伙能这么卖力吗？

大家从上面的案例中读出了什么？大脑中是不是很自然地冒出这样一句话："麻痹大意和安全两天敌？"

（4）图省事

大家看一下中国的各个城市，为什么有那么多的市民在横穿马路，其中很主要的原因就是图方便，都跑到街口去等红灯，那不是要等到猴年马月？哪有一穿了事来得直接干脆。

在工作中，很多职工不愿多出哪怕一两力气，总想要小聪明走捷径。操作时投机取巧，一旦尝到甜头，就会长此以往，重复照干，形成习惯性违章。

吊装作业是需要几个人协调配合才能完成的工作。但在有些企业，由于员工觉得大家在一块已工作了很长时间，彼此已心有灵犀，因此作业中就不需要按照规定做过多的沟通。

比如作业前没有信号沟通，起钩、松钩不鸣笛警示等习惯性违章就一而再再而三地发生。殊不知一个不在意，结果可能就会是一次惨烈的人身伤亡事故。

如果某天刚好有一位新员工加入，他很不熟悉老员工间约定俗成的规矩，一旦缺少明确而规范的信号指引，做出误操作，后果将不堪设想！

说一千道一万，不出违章是关键。习惯性违章不能习惯性不管。怎样解决习惯性违章这一老大难问题呢？下面是一些参考性建议，供大家结合自己企业、部门的实际情况去借鉴、应用。

第一，排查本企业、本部门的习惯性违章

很多时候员工只是下意识地在做，并不完全明白到底哪些行为是习惯性违章。所以管理者要排查、梳理本单位、本部门都有哪些习惯性违章。

第一步，把违章一条条梳理出来，文字越通俗越好。

第二步，把违章的严重后果详实地列举出来。

第三步，把相关材料张贴、悬挂在显著的位置，让员工看。或者打印成册，人手一份，有组织有计划地学习。

第二，案例教育

管理者要通过多种多样的方式，让员工真正看清习惯性违章已经或可能带来的害处，案例教育就是不错的形式。现场模拟又是案例教育比较好的形式，比仅仅讲述要生动、形象很多。比如拉闸停电作业时，必须先验电，后作业，而有的职工认为这是多此一举。既然已经拉闸停电了，作业对象是不会带电的。但由于种种原因，即使我们已经确认拉闸断电，作业对象仍然有带电的可能，一旦出现这种情况，后果就不堪设想。这时管理者可以在现场模拟一遍可能出现的情况，让员工看到出现问题的概率及其危害后果。

可以把本企业或其他企业所发生的案例拿来让大家看、大家学、大家研讨，这样就能产生很好的警醒作用。

第三，建立纠正习惯性违章的激励机制

所谓激励机制就是有奖有罚。下面先看"罚"。

习惯性违章是屡教不改、屡禁不止的行为，它与偶尔发生的违章行为有很大不同。对屡禁屡犯者，完全应该"小题大做"，从重处罚。

当然，罚的方式可以多种多样。除了金钱、处分外，还有很多其他方式也可以借鉴，老一点的方式就让违章人员抓违章，新一点的方式就让违章人员去医院陪护、照顾工伤员工等。具体用什么方式对员工进行惩罚性教育，要看当时的情境和企业的实际状况而定。

再看奖。

在企业的安全管理中奖要大于罚，应多奖少罚。处罚员工，当事人无论如何心里面也会不舒服，罚多了还会产生强烈的对立情绪。

奖就不一样了。受到奖励的人肯定会更加注意安全，对没有获得奖励的员工也是一种触动，往往比罚的推动力还要大。尤其是对那些不光自己安全搞得很好，还积极督促别人纠正习惯性违章，帮助消除事故隐患的员工，更要比较高调地奖励。高调，不一定指奖励的金额有多高，主要是声势要大，要有雷响天下知的声势。

如果需上级表彰的应提请上级表彰奖励，这样就会产生较大的影响力，更好达到奖励的效果。

只有奖罚分明，才能促进员工遵章守纪。

（六）"睡大觉"制度没有果断删除

什么叫"睡大觉"制度呢？就是过去特定情况下制定的制度，现在所面临的状况已经改变，已不具备执行的主客观条件，理所当然应该废止，至少应该进行调试。然而在很多企业，管理者对这一部分条款熟视无睹，任由其一动不动地躺在那里。

例如，某地勘单位有一系列的劳保用品制度，因为以前为了适应野外施工需要，规定要给一线员工发胶鞋、雨衣、棉衣、手套。后来行业转产了，这个制度却一直没有做相应的调整，绝大部分单位都变通或者违规地将原来的劳保用品改为皮鞋、卫生纸、水果甚至人民币。能将责任一股脑儿归咎于违规者吗？显然不应该，因为原来的劳保用品他们确实已经用不上了。这时就应该对制度进行适当的调整，以适应变化了的形式。

建立制度的主要目的是防止工作跑偏，提高效益和效率，当一种制度已成为发展的障碍，为什么还要让它摆在那里呢？

所以，制度的制定者还有一项很重要但却往往被人忽视的工作，那就是废除制度。

翻开各企业、各部门的《安全规章制度汇编》，是不是有很多制度早已不实行了，但仍然堂而皇之地处在显要的位置上？这样会带来一种很不好的结果，员工会很容易认为：既然有些制度摆在那里可不遵守，那么其余的制度也不必执行。这是一种很坏的示范效应。

这也算是有制度无执行的现象之一吧。

其实制度与世间的万事万物一样，都有一定的生命周期，到了一定的节点，该退出时就应该退出。"废、改、立"三字是企业安全制度管理的真经。"废"就是对现有制度进行细致地分类，认真梳理，对完全过时的、不合理的制度加以废止；改就是对不完善的、与实际要求有一定差距的制度加以修改完善；"立"是对目前尚无制度规范的工作着手建章立制，将其纳入规范化管理的轨道。

（七）制度本身结构不合理

首先看一下某矿的安全管理制度。

（1）每天坚持按时上班，没有特殊原因不得迟到、早退。

（2）对当日矿内发生的一切事务及时处理。

（3）了解当日上班人员情况，掌握下井人员准确数据。

（4）了解当日井下生产情况，掌握回采、掘进、碛头工作状况。

（5）了解当日井下各工作面、总回风巷有毒有害气体真实情况。

（6）了解当日机电设备、输电线路运转正常情况。

（7）了解当日维修人员维修路段及工作情况。

（8）了解当日矿内发生工伤事故情况。

（9）了解当日销售行情及信息反馈情况。

（10）了解当日外来人员业务接洽情况。

（11）了解当日新到矿上上班人员及人数情况。

（12）了解当日上级有关指示通知精神情况。

（13）了解当日矿内发生的其他事项。

（14）值班员除处理好日常事务，必须做好值班事要记录。

这十多条大多前面标以"了解"字样的笼统制度，是不是真正能够起到规范矿领导值班工作的作用呢？真的是应该多打几个问号呢。

当我们翻阅一些企业的规章制度时，经常可以发现诸如表现优秀者要给予一定的奖励，违反规定者要给予相应的处罚，造成损失的要追究相关责任等措辞，但具体什么情形应该奖励并没有相关的规定，怎样处罚也无具体标准，所以即使你再三地瞪大眼睛仍然云里雾里。

所有企业必有一条安全管理制度——工人在工作场所必须戴安全帽，但少有企业规定具体的实施、监督、检查、奖惩要求和方法，结果导致这一非常重要的日常安全管理规定执行不力，严重损害了规章制度的权威性，甚至不时出现人身伤害的重大安全事故。

小小安全帽是事关企业、员工、员工家庭的大事情，在这方面条款再细致，要求再严格也不为过。

国投曲靖发电厂在安全帽管理上就下了一番功夫，效果也很好。他们的制度规定得很细。在制度细则中要求员工将亲人的照片贴于安全帽内侧（后脑位置），每次出去工作，一拿起安全帽准备佩戴时，亲人的照片就会映入眼帘，刹那间温馨的感受就会涌上心头。为了自己最珍爱的人，时时刻刻要注意安全。

照片很小，但作用不小。大家积极参与，有的贴孩子，有的贴女友，有的干脆是全家福，因为重亲情、重人伦是中国的传统和文化。

通过一段时间的运用，各个基层单位都反映效果很好。因为职工一拿到安全帽就会想到家人，进而联想到自身的安全，出门工作前都会自觉佩戴好个人防护用具，不像以前那样嫌麻烦。用一个员工的话说："老婆在时刻看着我，我能不好好干吗？"

在制度的设计上，考虑得细一点，效果肯定会好很多。因为制度本身就是一种产品，有其自身的结构，结构如果不合理，自然就会影响到功能，进而影响到使用、实用。

制度结构三大块：原则性条款、实施执行细则、监督检查程序。

一个科学完整的制度，应该是一个可操作的、能保障执行到位的制度，它通常由三个部分组成，如图4-2所示。

图4-2　完整的制度结构

什么是原则性条款？

制度中的原则性条款是管理者希望员工要做什么，不要做什么。

原则条款通常都是笼统的要求，是一种较模糊的指示。如要求员工按时上下班，不得无故迟到、早退，应服从上级的指挥，不违规操作等，都是笼统的条款，只说做什么，不做什么，没说应该怎样做，缺乏具体、细化的操作方法。在这里我要强调一点，原则性条款很重要，不是可有可无的东西，它规定了方向，起统领全局的作用。用一句话概括：没有它不行，仅有它不够。

如何实施执行细则？

执行细则是对原则条款的细化、解释、说明，主要解决怎么做，如何执行的问题，目的是使原则性条款转化为可操作的程序规定。

例如，员工有事需请假是个原则条款，怎样使这一条款在实际工作中得到有效地执行呢？某公司在员工请假制度中给出了很细致的规定，并且用流程图的形式一目了然地给予说明，如图4-3所示。

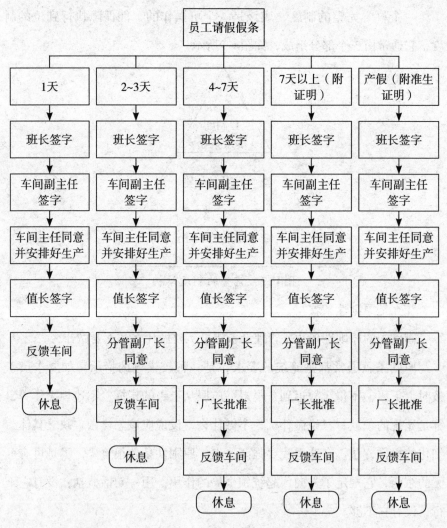

图4-3　员工请假流程

这一流程图虽然简单，但很管用，员工一看就明白，真是一图胜千言！

检查程序如何落实？

有效的检查程序包括谁检查、什么时候检查、按什么程序检查、检查者要负什么责任、怎么约束检查者。它是制度执行机制中最关键的部分，缺少了检查程序，制度执行就没有保障。

某公司财务处发生了一次重大失窃案，存放在保险柜里的60万元不翼而飞。受金融大环境的影响，该公司资金本来就十分紧张，第二天的购料款一下子没有了着落。原料供应不上，就不能按时完成订单，眼睁睁地看着一个大客户被同行挖走。

该公司失窃的保险柜是国内最先进的保险柜之一，报警、密码、电击等保险手段应有尽有，犯罪分子是如何得手的呢？

原来，问题出在使用保险柜的出纳身上。

他觉得那保险柜虽好，但使用起来太麻烦，于是在使用的时候就"偷工减料"。他怕一不小心遭到电击，便不接电源；担心忘记密码，就使用最简单的密码：123456；担心丢了钥匙，就把钥匙放在办公桌抽屉里。结果，窃贼作案时，从他抽屉里找到钥匙和保险柜说明书，随便研究一下，就轻易打开了保险柜。

那么，财务室没有相关保管规定吗？有，而且还有一大本。问题是从管理者到普通员工谁也没有"理睬"它。

没有了"查"和"核"二字，哪一个员工会按照要求做呢？

一个科学有效的制度，它的三个组成部分是相互依存、缺一不可的。

其中，最重要的是监督检查程序（它是制度结构中的重中之重），其次是实施执行细则，原则性条款为最轻。三个部分的组成结构，尤如图4-2的正三角形。

精细化管理要求，原则性条款、实施执行细则、监督检查程序的比例应为1：2：3。而在粗放管理的制度中，原则性条款、实施执行细则、监督检查程序的比例往往为3：2：1。

下面是某医药企业质安部门的取样制度，只有简单的三大条，没有对原则性条款进行细致的解释说明，更没有制定严格的监督检查程序，因而实施效果肯定很差。

（1）送样小瓶由化验室提供，以确保干燥洁净。

（2）取样时先清洁取样口，确保无尘进入方可取样，取样瓶需加盖。

（3）反映不正常时，可要求化验员到现场协助。

这样简单的制度条款怎样能筑好企业第一道防波堤，确保医药产品的安全与质量呢？

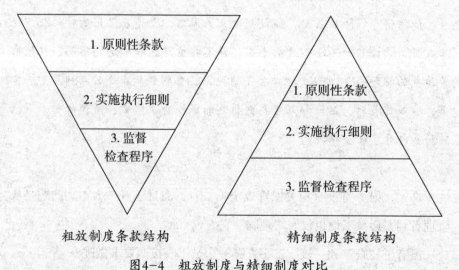

图4-4　粗放制度与精细制度对比

大家从上图中可以明显看出，粗放制度条款是倒金字塔形状，头重脚轻，立足不稳；精细制度条款是正金字塔形状，头轻脚重，立足很稳。结构决定功能，功能决定性能，性能必然影响执行。由于粗放制度条款在结构上有缺陷，执行起来肯定大打折扣。

下面举几个关于精细制度条款的例子。

案例一：某企业安全管理制度

安全制度规定：检修前必须对工具进行检查。

实施细则：

（1）所有工具入队启用时必须进行检查，长期使用的工具必须每月进行一次检查。

（2）检查合格后将有检查日期的不同颜色标签，粘贴于工具的开关或其他明显位置，以确认该工具合格。

（3）不合格、标签超期及未贴标签的工具不得使用。

（4）所有工具的使用者必须在使用工具前再次进行外观检查。

监督检查：　区队干部

　　　　　　班组长

考核：　　　点名批评

　　　　　　与奖金挂钩

上面的制度，虽然很简单，但原则性条款、实施执行细则、监督检查程序一样都不少，真可谓"麻雀虽小，五脏六腑俱全"。唯如此才能切实执行，才可以产生实际效果。

精细化管理要求，每出台一项制度条款时，必须考虑清楚三大块的问题，原则性条款很简单，在这里就不多啰唆。重点是实施执行细则，有些时候实施执行细则还需要考虑硬件上的设计、设备上的投入等。

　　某公司匆忙上马手机打卡考勤制度，觉得这是高科技，效果一定很好，却没有考虑到应具备的设施问题。这家公司有的部门有手机打卡机，有的部门还没有配备，尤其是交通车上更没有打卡机，员工们下了车就一哄而散，到各自的工作岗位上。到了月底，考勤数据报上来以后，人力资源部门一看，简直是五花八门。有的是手机打卡数据，有的是指纹打卡数据，有的是手写签到，更有几个部门干脆什么数据也没有，一个月压根没考勤，原因是没有打卡机。最后的结果是考勤数据成了一笔糊涂账，弄得公司进退两难。

　　如果一开始就把如何实施考虑周详，何至于最后出现骑虎难下的局面呢？

　　更重要的是监督检查，谁来监督，怎样实施，怎样确保持续不断的强力推动？其实这就是把我们一直以来习惯的运动式管理变成常态化管理，唯如此才能真正解决"执行难"问题。

　　案例二：中铝贵州分公司碳素厂亲情化动态安全管理办法

　　亲情化动态安全管理：

　　一、亲情化动态安全管理的背景（略）

　　二、亲情化动态安全管理的内涵（略）

　　三、亲情化动态安全管理的主要内容

　　（1）班组根据每班人员出勤实际情况，按照岗位和操作技能布置每班互保联保，形成当日对子上墙，方便自身责任的落实和其他形式的监督，用互保牌明确对子的真正意义。在待机室安全帽的上方悬挂家人合影，摘录家人嘱语，使上岗人员随时得到单位和家人赋予的另一份责任，这种潜移默化的影响比硬性教育的效果要好。

　　（2）通过建立相关管理措施，员工只需一张互保牌就能自我管理

四、亲情化动态安全管理的实施

（1）执行办法

①工厂为班组制作亲情看板、照片、互保板、卡。每名员工持一张写有本人姓名、工种的卡片，自行保管。

②班长应每班动态安排当天的互保人员，并记录在班前会上（如连续几天互保人员情况未发生变化，可注明今日执行昨日安全动态互保安排即可）。

③员工应按照班长安排的安全动态互保寻找互保对子，并将卡片插入班组安全动态互保牌的相应位置上，每天下班后自己取回保管。

④如当班员工有临时工作变动，请假时间在1小时以上的，必须通知班长，由班长安排临时动态互保人员补缺；如人员离开1小时以上又未请假的，将收回该员工卡片，并按相应制度考核。

⑤禁止任何人随意变动或摘取已安排好的现场动态互保卡片。

⑥班组应保持现场安全动态互保牌的清洁，每班下班后收回保管，不得遗失或损坏。

（2）具体操作方法

①硬件准备如下。

第一步，制作员工动态互保卡。如图4-5所示，将员工的姓名、性别、工种标注清楚。

图4-5　员工动态互保卡

第二步，制作员工动态互保牌。如图4-6所示，让员工根据当天的工作安排情况将动态互保卡动态地和自己的当日互保人员互保卡插入相应位置，形成当日的互保对子。

图4-6　员工动态互保牌

第三步，制作双向箭头。如图4-7所示，当出现奇数人员时，可用此箭头将三人结为三人动态互保对子。

图4-7　双向箭头

第四步，制作亲情看板，如图4-8所示。

图4-8　亲情看板

第五步，制作亲情相片，如图4-9所示。

图4-9　亲情相片

②操作方法如下。

每班班前会，在劳动纪律点名后，根据当日当班人员出勤实际情况，在劳动保护检查员的监督下，班长做当日互保安排，如有对子变动，必须记录于当日班前会的记录中。班员根据安排，在同时结对插卡后进入生产现场作业。对需要临时离开岗位的人，班组要作临时调整，并重新组队。在对子成单无双的情况下，班长应根据实际作业环境和人员具体情况，以双向箭头结成三人互保对子，如图4-10所示。

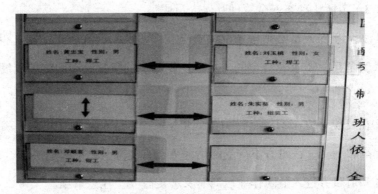

图4-10　三人结成互保对子

对于中夜班特殊工作岗位，单人在岗岗位人员由值班长负责互保。因此，根据岗位特点，各车间为值班长制作了数量不等的互保卡，分别对应中夜班特殊在岗人员，使值班人员和岗位人员也能结成互保对子，相互确认执行标准，共建安全。作业结束，互保对子各自取卡自行保管，同时离开生产现场，交班。

五、亲情化动态安全管理监督检查

（1）亲情化动态安全管理检查考评小组成员

①组长：安全副厂长。

②副组长：各车间主任。

③成员：各车间安全副主任。

（2）亲情化动态安全管理检查考评小组职责

①组织制定车间班组安全动态互保管理要求及员工安全互保职责。

②制定车间安全动态互保管理考核办法。

③全面负责车间动态互保管理及检查考核工作。

④对车间安全动态互保管理进行工作指导。

⑤督促车间安全动态互保管理过程中存在问题的整改。

（3）亲情化动态安全管理互保人员职责

①安全互保人员必须按照厂《安全互保要求》认真履行好安全职责，违反《安全互保要求》规定的人员应承担相应的责任，车间将按制度严格考核。

②在发现对方有不安全行为或处于不安全状态时，对子中的另一方有义务提醒和制止，在对方不接受的情况下，有义务及时汇报反映。

③知道对方进入危险作业区时有义务提醒安全注意事项。

④对子双方有责任检查并提醒对方劳保用品的正确穿戴和劳动工具的正确使用。

⑤对方喝酒时，另一方有义务制止其继续当班作业，并及时汇报和要

求更换对子。

⑥如对子中的一方请假未上班，班组负责人需及时调整配对，所规定的职责内容对临时配对人员依然有效。

⑦对子中的一方发生安全事故，另一方必须为其提供必要的帮助和实施救援。

（4）亲情化动态安全管理考核办法

①亲情化动态安全管理检查考评小组成员如果不能切实履行监督职责，除对其进行相应的处罚外，还要责成其在各自车间班子民主生活会上做出深刻的检讨。

②员工有违反安全操作规程及安全互保、联保制度的，车间将停止其工作，指导其进行下岗培训学习，直到学习考核合格方可上岗。

③对子中的一方不履行职责，违反厂《安全互保要求》中的任何一条，造成现场安全互保失控的，处罚100元。

④由于安全互保不到位而造成险情（包括未遂事故等）的，处罚500元，造成轻伤以上安全事故的按分公司《伤亡事故处理办法》进行考核，造成重大安全事故触犯刑法的追究刑事责任。

如有其他违反安全制度的行为，则根据厂相关安全考核制度进行考核。

六、亲情化动态安全管理取得的成效

该活动开展和实施3年，厂各车间无任何事故发生，员工的精神和素养得到大幅度提高。活动实施前，由于厂各车间立体交叉作业的特殊环境，很多员工都有不违章就无法生产、无法作业的思想，活动实施以后，员工思想有了很大的转变，认为必须先安全后生产，变"要我安全"为"我要安全"，各车间形成了良好的和谐共融氛围。此项管理方法赢得了中央党校、省总工会、省有色工会、总厂工会、企业文化部的高度评价和赞赏，分公司工会在全公司推广该管理模式。

　　我认为，这个管理办法之所以取得如此大的成效，除了厂领导高度重视、宣传到位外，制度的精细制定、实施办法的细化、监督检查的严格等都起到了很大的作用。该办法已基本具备精细化管理所要求的制度条款制定的1：2：3的要求。

三、"预案"的作用到底有多大?

（一）"预案"的三个作用

讲安全不能不说制度，也不能不提预案。预案是什么，预案就是如果出了问题，采取什么措施，怎样应对。从这个角度看，预案其实就是制度。

有的读者一定会产生这样的想法——不是追求零事故吗？干吗还要设想事故发生时的应急处置呀！其实答案很简单，就像第一章讲述的那样，零事故是我们孜孜以求的目标，但并不能绝对避免任何事故的发生，比如自然灾害，这就不是人力可以控制的！所以，一旦发生事故就应想方设法把损失降到最低。预案就是这样的手段。安全预案有如下三个作用：

（1）有利于对突发事件第一时间做出响应和处置。

（2）有利于避免突发事件扩大或升级，最大限度地减少事件造成的损失。

（3）有利于提高企业全员居安思危、积极识别、防范风险的意识。

从上面第三条作用来看，安全预案是为事故做准备的，还是预防事故的成分多一点。中国有一个成语叫"有备无患"，因为思想、意识一跟上，出现安全事故的概率就会大为降低。

从这个角度说，这也是达到零事故管理目标的一个很有效的管理方式。

（二）预案如何才能效力最大化

上面主要说的是安全预案的重要作用，那么安全预案怎样才能发挥出它的最大化效力呢？有两点非常关键。

1. 要精心制定

绝不能从网上下载一个或从其他企业挖一个过来，略微修改一下就拿去充数了事。别人的东西不一定好，有可能也是像你一样粘贴过来的。你拿过来就用，岂不是"误国误民"。就算别人的东西很好，并不代表就适合你呀，没准会水土不服呢。

我们完全可以借鉴别人的，但借鉴的目的是参考，决不能照抄照搬。

像其他制度一样，我们可以这样去设计一份预案。

第一步：把从网上或从别处取来的预案文本结合自己企业的实际进行深刻的改进，标准是本土化、实际化。这是第一步也是最重要的一步。

第二步：把改进后的预案文本发有关部门、个人征求意见。征求意见时，最好随文本附一个意见表。让被征求意见的人就有关问题提意见和建议。有这个表格大家就方便，这项工作也容易开展一点，很多时候如果大家觉得很麻烦，也就随便敷衍一下，甚至干脆闭着眼睛写上一句"无任何意见"就完事。

第三步：汇总意见，据此改进预案文本。补充一下，如有必要可开展第二次征求意见活动，因为只有这样才可能收集到真正有效的信息。

各位读者，零事故的目标不是轻易可以实现的，需要我们大家做出比较艰苦的努力。

2. 到位的演练

光有预案是远远不够的，还要进行到位的演练。因为事故、灾难来临时，员工往往无比紧张，很容易手忙脚乱。有了平时的演练，员工面对紧张局面时就能很好地适应，关键时候，才会有条不紊地处置险情、处变不惊。下面看一个预案演练的真实事例。

2008年5月12日的大地震，是中国人心中永远的痛，但四川安县桑枣中学却创造了生命的奇迹。

地震发生后，全校2300多名师生员工，从不同的教学楼，全部冲到操场，以班级为单位站好，无一人伤亡。

这个过程仅仅用时1分36秒。

让我们看看奇迹背后到底有什么？

（1）快速逃命的预案

学校早早就制定好危急情况下疏散的预案。

第一是教室，学生的座位一般是8行，前4行从前门撤离，后4行从后门撤离。

第二是楼道，明确规定每两个班在疏散时合用一个楼梯。

第三是速度，2楼、3楼的学生要跑得快些，以免堵塞通道。4楼、5楼的学生要跑得慢些，不然会在楼道中形成人流积压，发生践踏危险。

第四是站位，每个班级疏散到操场上的位置也是固定的，要求各班级演习时必须站在指定的位置。

（2）不断演练，持续改进

学校从2005年开始，每学期都搞一次紧急疏散演习。学校会事先告知学生，本周有演习，但孩子们并不知道是哪一天。某一天，一般在上课的时候，学校会突然用高音喇叭喊："全校紧急疏散。"

在这个过程中，学校会记录演练情况，以发现各班级存在的问题。汇总统计后，下发各班，要求在下一次演习中避免。

（3）练习成习惯，习惯成自然

刚搞紧急疏散时，小学生当是好玩，有一大半孩子认为多此一举，很多家长还有反对意见，但学校却坚持了下来。

后来，学生、老师都习惯了，每次疏散都各司其职、井然有序。

在重大灾难面前无一人伤害，这是不是零事故的又一经典范例？

本章练习

练练笔：填几个空，部门工作就会有新思路。

通过本章的学习我收获了以下几点：

1.＿＿＿＿＿＿＿＿＿＿＿＿＿＿＿＿＿＿＿＿＿＿＿

　＿＿＿＿＿＿＿＿＿＿＿＿＿＿＿＿＿＿＿＿＿＿＿

　＿＿＿＿＿＿＿＿＿＿＿＿＿＿＿＿＿＿＿＿＿＿＿

2.＿＿＿＿＿＿＿＿＿＿＿＿＿＿＿＿＿＿＿＿＿＿＿

　＿＿＿＿＿＿＿＿＿＿＿＿＿＿＿＿＿＿＿＿＿＿＿

　＿＿＿＿＿＿＿＿＿＿＿＿＿＿＿＿＿＿＿＿＿＿＿

3.＿＿＿＿＿＿＿＿＿＿＿＿＿＿＿＿＿＿＿＿＿＿＿

　＿＿＿＿＿＿＿＿＿＿＿＿＿＿＿＿＿＿＿＿＿＿＿

　＿＿＿＿＿＿＿＿＿＿＿＿＿＿＿＿＿＿＿＿＿＿＿

4.＿＿＿＿＿＿＿＿＿＿＿＿＿＿＿＿＿＿＿＿＿＿＿

　＿＿＿＿＿＿＿＿＿＿＿＿＿＿＿＿＿＿＿＿＿＿＿

　＿＿＿＿＿＿＿＿＿＿＿＿＿＿＿＿＿＿＿＿＿＿＿

经过对比，我们企业、部门目前安全工作中还存在以下几点不足：

1.＿＿＿＿＿＿＿＿＿＿＿＿＿＿＿＿＿＿＿＿＿＿＿

　＿＿＿＿＿＿＿＿＿＿＿＿＿＿＿＿＿＿＿＿＿＿＿

　＿＿＿＿＿＿＿＿＿＿＿＿＿＿＿＿＿＿＿＿＿＿＿

2.＿＿＿＿＿＿＿＿＿＿＿＿＿＿＿＿＿＿＿＿＿＿＿

　＿＿＿＿＿＿＿＿＿＿＿＿＿＿＿＿＿＿＿＿＿＿＿

3._____

_____

_____

在现有条件下，我们立即能做好的是：

1._____

_____

_____

2._____

_____

_____

第五章

管理工作零失误，
安全才能零事故

我们常说，在零事故管理上要高层行动，中层推动，基层活动。只有上下齐心，安全才能真正有保证。

高层在安全管理上主要做两方面的工作：一是表明态度。二是付诸行动。

高层需要统领全局，确定方针大计，大量具体的工作就落在了中基层的肩上。

中基层在企业零事故管理活动中要做的工作很多，但最主要的是下面的三项：

一、确保设施、设备安全

我们常常说本质安全，那么什么是本质安全呢？所谓本质安全，主要是从"物"的状况来考量的。对此我们可以从两个方面来理解：一是从根本上机器、设备是安全的，在正常作业的情况下不会出现故障、事故；二是即使出现错误操作、导致不安全情况出现，也有隔离措施，从而避免伤害或减少伤害程度。

隔离措施有三个：隔开、封闭和缓冲。

隔开就是与危险离远一点，避免受到伤害。比如，把特殊的危险品放到一个最偏僻的角落里面，使尽量少的人走到那里，免受伤害。

封闭就是把危险源进行适当地封闭，使其不会伤害到员工，比如安全护栏、安全罩等。

缓冲即面对远离不了也罩不住的危险源，可以采用适当的措施对危险能量吸收、缓解，使其对员工的危害程度大大降低。比如在湿滑的区域铺上地毯或其他物品，以防止作业人员不慎滑倒、摔伤等。

实现本质安全需要管理人员多花一点心思。

我们常常说安全事故的发生，90%以上是由于员工的行为原因造成的。那么剩下的百分之几是什么原因造成的呢？应该主要是"物"的不安全状况导致的，这就直接是管理人员的责任了。到很多单位去看一下，就会发现很多安全设备上的问题。比如一拉消防水带是烂的，水龙头不出水，未配置应急照明灯，没有设置消防疏散指示标志，灭火器材配置不符合要求且大部分已经损坏等。继《鬼吹灯》《盗墓笔记》之后，《天津刑警奇闻录》因其真人真事很是流行。下面是《天津刑警奇闻录》中的一个片段。

十几年前，天津某设备厂发生了一起锅炉爆炸案。因为有人员伤亡，所以警方也到了现场。

安检人员查明，事故的直接原因是司炉工直接往烧干了水的锅炉里面灌注冷水，导致剧烈爆炸。

在事故现场，警方看到一具软绵绵的尸体摊在地上，手里紧紧攥着一个阀门。

经询问这是一个老工人。

为什么一个有二十多年工作经验的老工人会出现如此低级的错误？

警方经过反复物查，最后得出如下两个结论。

（1）锅炉设备老化严重，水位表严重失准，无法确定锅炉内的水位。同时，泄压阀堵塞，进水阀漏水。

这样的设备就如同一个定时炸弹方便被随时引爆。

（2）原来当天值班的不是事故现场死亡的老工人，而是另有其人，这位新员工是一关系户，刚被安排到这个岗位上混日子，业务一概不懂还不学习，再加上锅炉仪表指示不清，所以造成了违规操作。

当晚，由于仪表不能准确显示锅炉内的水位，这位当班的年轻人直到睡醒后才发现锅炉烧干了，匆忙之中，他打开了进水阀就往锅炉里灌注冷水，红烫炉底骤然遇到冷水，内部压力直线上升！正确的做法应该是减少炉火，待其慢慢自然冷却，才可往里加水。

这位事故现场死亡的老工人当夜在家辗转反侧，却无论如何也睡不着，他真不放心年轻人一个人值班，就披衣过来看看，刚好看到了这惊险的一幕，他急忙冲过去关进水阀，还一把推开了这位不务正业的年轻人！

当年负责此案的刑警队长每每讲起这个事故时，总是以相同的语气、相同的话语开始，那位老工人至死手里都还紧紧攥着一个阀门！

作为管理人员，应在设备的安全上承担最主要的责任，因为设备安全需要资金投入，而资金投入是普通员工无法决定的。资金的投入在设备的安全管理上非常重要，而员工主要是在维护上起作用，也就是说管理人员定投入，员工重维护。物质投入在特定的时候要远远大于维护的意义。因为如果设备达不到要求，员工会有有心无力之感。这就是我们常说的："巧妇难为无米之炊。"

在设备安全上，管理人员首先要确保设备的更新换代，淘汰那些高耗、低效、不合理、不安全的设备，严禁拼装、勉强使用设备，应该报废停用的坚决不再使用。其次，要与时俱进，与科技的发展同步，适时采用新技术、新装备来改造传统的设备；严格把控设备的进入关，绝不使用伪劣的产品、无安全标志的产品、非防爆产品，从根本上杜绝事故的发生。

2013年11月22日10时25分，山东青岛经济技术开发区中国石化管道储运分公司东黄输油管道泄漏的原油进入市政排水暗渠，在空间密闭的暗渠内油气积聚，遇火花发生爆炸，造成62人死亡、136人受伤，直接经济损失75172万元。

　　事后查明，事故的直接原因是输油管道与排水暗渠交汇处的管道因为腐蚀而减薄，导致管道破裂、原油泄漏。原油泄漏后流入排水暗渠后又反冲到路面，而现场处置人员因为采用液压破碎锤在暗渠盖板上打孔破碎而产生撞击火花，最终引发暗渠内油气爆炸。

　　从上面的案例中大家可以看出，事故的第一导火索就是管线老化。

二、对员工进行到位的培训

我在企业讲课时常常这样说："下属素质不高不是你的责任，下属素质不能提高却是你的责任。"如果下属水平都不提高，作为管理人员一定很累，因为下属不但不出业绩还屡出差错，管理人员整天忙于"救火"，岂不是心力交瘁。在安全管理方面，管理人员有一个基本职责，就是创造条件不断提升员工的安全意识和水平。因为意识决定行动。只有员工普遍具有较高的安全意识，避免事故的发生才真正成为可能。

只有依靠教育，而且是耐心细致、持续不断地教育，才能达到提高安全素质的目的。对员工进行安全教育主要有两种形式。

（一）三级教育

三级教育是对新员工进行安全教育的主要手段。它在厂（矿）或公司、车间（工段、区队、队）、班组三个层面进行，因而被称为"三级教育"。

1. 一级教育——公司层面的教育

新工人入职后，要经公司人事部及质安部进行一级安全教育，教育内容如下：

（1）劳动保护的意义及任务，使新进员工树立起安全意识。

（2）介绍企业安全概况，包括企业安全工作发展史、企业生产特点、企业设备分布情况。重点介绍特殊设备的注意事项、公司安全生产的组织结构，公司的主要安全生产规章制度（如安全生产责任制、安全生产奖惩条例、防护用品管理制度、防火制度等）。

（3）介绍企业典型的安全事例和教训，向员工传授抢险、救灾和救人的基本常识，以及发生事故后的报告程序等。

公司安全教育一般由企业安全部门组织进行，时间为4~16小时。为了增加趣味性，讲解应该与看图片、观视频结合起来。实地参观是最好的现地现物的教育方式。最好发放一本浅显易懂的安全手册（图画书），让员工边看边听。

2．二级教育——部门教育（车间、区队、站队等）

结合本部门具体生产状况进行（以车间为例）

（1）车间生产的产品及其特点

（2）安全生产纪律和文明施工要求

（3）安全生产技术操作一般规定

（4）作业现场安全管理规章制度

（5）职业健康教育

3．三级教育——班组教育

这是最具体的教育，可直接结合员工要操作的设备进行。

（1）班组生产工作的性质，机具设备及安全防护设施的性能和作用

（2）本工种具体安全操作规程

（3）班组安全生产、文明施工要求和劳动纪律

（4）本工种事故案例剖析，易发事故部位交底，及劳防用品的使用

要求

（二）日常教育

除了在员工刚入职时对其进行集中的三级培训以外，管理者还要结合日常工作对员工进行不懈怠的安全教育。因为要想让安全观念、安全意识入脑入心，必须持续不断地说教，反复的次数越多，员工记忆就会越深刻，效果也就越好。日常安全教育的具体形式有几种。

1. 课堂教育

以上课讲授的方式向员工传达安全生产相关的理念、方法等。

2. 会议教育

把安全内容作为会议主题或其中的一个版块，通过早晚会、周会、月会等形式对员工进行安全教育、安全培训。

3. 现场教育

这是最好的教育形式。管理人员在现场巡视时发现的违章行为或操作不到位的地方，就是最好的活教材。例如，发现一个员工在打凿砼时未戴安全防护眼镜，应立即督促其改正，接着讲述不戴安全防护眼镜的严重后果，同时列举本企业或外企业已经发生的类似案例，警醒违章员工认识违章作业会带来的严重后果。

从操作角度来讲，比较容易纠正的违章，管理人员口头要求一下就行。相对复杂的怎么办呢？这时候管理人员就更要费一点心思了，不仅要动口，还要动手，比如手把手地示范等。

和中小企业相比较，德胜公司的精细化管理水平很高。有一次质量监察部经理巡视工地，看见一个新员工在擦洗玻璃时搬了一把人字梯，横架着站在上面擦。人字梯横架着容易晃动，倾斜后一不小心就会倒下造成危险。经理立即指出问题所在，并亲自给她示范正确的摆放方式，直到她完全领会为止。

接着经理又让人把同一批进来的新员工都召集起来，再次为她们亲自示范如何既快又稳地摆放人字梯的步骤，直到所有的人都完全学会为止。

最后，经理在现场让全体人员都操作一遍梯子摆放的程序，直到亲眼看见大家都掌握了这项工作要领为止。

像这样手把手地教是安全教育比较好的一个形式。

以上讲的是比较常规的教育形式，下面介绍新颖一点的。

为什么很多企业的安全教育流于形式，收效甚微呢？

主要的原因有两个：一是坚持不够，二是形式陈旧。

坚持不够大家比较容易理解，那么什么是形式陈旧呢？主要是教育方式仍然是老旧的填鸭式和说教式。

填鸭式，因为想一股脑儿塞给员工太多东西，结果却适得其反——可能管理人员在台上辛辛苦苦几十、上百分钟，员工听完后一阵风吹过就无影又无踪。

说教式，因为管理人员的居高临下，员工会觉得有一定的压迫性，因而容易产生逆反心理。

最近，笔者在为企业服务的过程中，在某个单位听说了这样一件事：在一次安全活动中，该单位组织员工安全学习，管理人员花时间宣读两个安全管理方面的规章制度。在宣读的过程中，员工看起来都听得非常认真。但是，当宣读完毕，管理人员向大家提问刚才所读两个规章制度的名称时，在座的几十名员工只有两人举手。而回答时，只有一人回答对了，另一人却错了。

这可以说是对填鸭式、说教式教育的极大讽刺。

为什么员工融入不进去、心不在焉，甚至三心二意呢？因为他是带着压力，带着不情愿，甚至带着强烈的抵触情绪在勉强参与。

曾读过一个故事，讲的是一把坚实的大锁挂在大门上，一根铁棒费了九牛二虎之力还是无法将它撬开。钥匙来了，瘦小的身子钻进锁孔，只轻轻一转，大锁就"啪"的一声打开了，铁棒奇怪地问："为什么我费了那么大力气也打不开，而你却轻而易举就把它打开了呢？"钥匙说："因为我了解它的心。"

安全培训也是如此，只有了解员工的心，才能走进员工的心。

创新培训方式、调动员工参与的积极性、实现与员工的良好互动，只有这样才能真正走进员工的心，安全培训才能收到实效。

4. 看板培训

看板是日本企业常常采用的一种教育员工的形式。因为看板有显著、直观、强制阅读的特点，所以把看板用在安全教育上是非常适合的。这些展板可以做成移动的，以便于搬动。这样就可以放置在不同的地方供员工观看，覆盖更多的人群。图5-1是济西站的安全教育看板。

图5-1　安全教育看板（该幅图片出自新华网）

5. 亲情视频

东方民族重人伦，中国职工尤其讲究老婆孩子热炕头。下面讲一个关于中国人重亲情的小故事。

一艘轮船将要面临倾覆，船上的乘客有中国人、法国人、西班牙人、德国人。如果这个时候猛然公布轮船将要倾覆的消息，势必会引起混乱，人们会不顾一切四散逃命，进而会加快船的倾覆。船长很有智慧，他把四个国家的乘客分别集中在轮船不同的部位。首先对德国人说："我现在以船长的身份命令你们立即跳下海去。"德国人二话没说，一个接一个跳了下去，因为德国人服从意识最强。接着来到法国人面前，对法国人（男生多）说："先生们，看，那么多女士都在海水里挣扎，赶紧去英雄救美吧。"法国人也争先恐后地跳下海去，因为法国人非常浪漫。船长对西班牙人说："现在高台跳水开始，预备1-2，跳。"西班牙人欢快地跳了下去，因为西班牙人最热爱运动。最后船长来到中国人面前，大声说："各位朋友，轮船马上就要沉没，家中妻儿子女还在眼巴巴等着你们呢？赶紧逃命去吧！"中国人不顾危险从几十米的甲板上飞身跃下。

亲情教育用在安全上是非常合适的。现在很多在中国的外企也入乡随俗，纷纷打"亲情牌"。尤其是亲情视频，更是让这类活动有了新的载体，大放异彩。

为了开展好劳动安全大教育活动，济西站将安全保卫战线延伸到工作岗位之外，充分发挥家属保安全的作用，专门到职工家中拍摄了题为《亲人的嘱托，肺腑的叮咛》——职工家属对职工安全叮嘱的视频。在该站的劳动安全警示教育会上，把他们这段视频播放给职工观看，用家庭的温暖筑牢思想防线。同时，他们还把该视频放在济西站网站上，供员工们下载观看。

6. 短信培训

短信培训就是利用短信的方式对违纪员工，或有违章倾向的员工进行有针对性的指导、帮助。短信的内容是即时编写的，可以因人而异、因事而异，很有针对性，更能解决实际问题。这种方式，也在一定程度上解决了很多安全管理培训人员共同的难题，即不同的人用同样的培训内容、同样的安全教育培训资料、同样的培训方式，效果却差强人意。

某供电工区管理人员随时收集员工安全方面的异常情况，即时编发包含警示、提示、提醒、工作动态和规程学习等内容的短信对其进行提示、教育。

　　"李师傅，矿上各项规程的制定，是为了保护您的人身安全和设备安全，希望您能把安全规程深植于心，避免三违，确保安全。"某供电工区的李师傅在违章后，手机很快就收到了这样一条安全提示的短信。

7. 警示动漫

　　现在中国处于高速发展的时代，同时又处于社会转型期，因而各种矛盾叠加，每个人都会感受到巨大的压力。为了缓解压力，社会已进入全民娱乐的时代。在这种大背景下，采用动漫的形式开展安全教育就是一个不错的选择。

　　山东能源枣矿集团田陈煤矿利用网络平台制作3D、2D违章事故警示动漫，开展"一事故一分析一教育"活动，以真实、直观的教育形式触动职工。

　　硬性的说教容易引起职工的反感，趣味性的内容和形式则很容易激起员工的共鸣。

　　"安全生产我来讲"是一个系列讲堂活动，是对安全生产"年年讲、月月讲、天天讲、时时讲"的实践。开始时以公司领导、富有经验的安全管理干部讲为主。到了第二个阶段，干部讲一半，员工讲一半。进展到第三个阶段时，即把员工参与的激情点燃起来以后，完全可以以群众讲为主。这样一来就锻炼了员工，促进了员工安全意识的提升。

　　这其实就是在安全管理上的"人人为师"活动，保险公司在这方面开展得最好。

　　员工要讲课，就要备课、查资料，不然讲课的时候就会"出丑"。这样一来二去，自然就掌握了更多的安全知识，同时也激发起主动安全工作的意愿。我们总是说："从要我安全向我要安全、我能安全过渡。"但仅仅提出一句口号是远远不够的，必须要有促进转变的具体措施。"人人来讲课"就是一个好方式。

鄂州供电公司就是一直践行这个活动的公司，并且已从中受益良多。

2012年8月，鄂州梁子湖区长岭白岩五队王老汉家的电器出了故障，他拿着老虎钳自行处理，在这个过程中不慎触电。由于他家里的漏电保护器损坏后一直没更换，缺少了漏电保护，王老汉当场被电流击晕。

当日中午，鄂州市三新农电公司员工刘某恰巧在该村，他发现王老汉还有微弱的生命特征，立即对王老汉展开急救，经过努力终于将王老汉从死亡线上拉了回来。

刘某说，在一次"安全生产我来讲"课堂上，他学习过触电急救的知识，没想到关键时刻派上了用场。

这种课堂还可以延伸到企业的下游客户、上游供应商那里。因为安全极其需要"你好、我好、大家好"！只有这样才能共好，才能真正形成安全氛围。

9. 安全心理诊所

安全心理诊所相当于专门解决安全问题的医疗机构。在这个诊所内，"心理医生"是精挑细选的富有安全经验的管理人员，安监骨干，他们专门为"安全薄弱人员"提供"一人一事"安全心理咨询和心理健康指导。在对其进行心理分析的基础上，对症下"药"，帮助这些人改变不良的思维方式，消除影响安全生产的心理状态。

在这个过程中，通过以理服人、以情感人、循循善诱可以达到消除职工的心理障碍和抵触情绪的目的，促"治疗"的效果最佳。

员工的安全教育方式还有很多，管理人员可结合企业、部门的实际情况去发现、归纳，找到最适合的方式。就像一句广告词所说的，"总有一款适合你"。

三、立足帮助的监督、检查

（一）不规范、"狼来了"——安全检查失效的两个原因

下面再重点说一下检查，因为安全管理不可能缺少检查，在中国的国情下开展的零事故活动更不可能没有监督检查。

现在，我们的很多检查往往流于形式。

这种迎检现场大家一定不陌生——条幅高悬、彩旗飘飘、标语醒目。检查组到场以后听汇报、查文件、看现场，最后汇总出1234、子丑寅卯。

这样的检查看似很热闹，但效果却不是很好或没有任何效果，甚至检查组前脚走，后脚企业就发生事故，有时还相当严重。原因主要有以下两点。

第一，不规范。检查过程本身应该是一个科学、合理的流程，缺少了一个环节，或某一个环节做不到位，效果就会大打折扣，甚至走向反面。简单说就是本来检查的目的是帮助搞好安全管理，但由于存在不适、疏漏，却会间接引起企业安全管理局面的紧张。

某创业集团"8·19"铝液外溢爆炸事故，造成了惨烈的人员和财产损失。事后查明的直接原因是混合炉放铝口炉眼砖内套缺失，以及设计图纸存在重大缺陷、作业现场布局不合理等安全隐患。这又是一个事件链条

连锁反应所引发的事故。

上级有关部门在彻查处理此次事故时，询问该部门负责人是否注意到这些安全隐患，该部门负责人回答："我们曾经在检查后下过整改通知书，可总是忙于生产，没有及时曝光，更没有认真督促整改。"

像这样的安全大检查有何价值？不仅没有积极作用，反而因为鼓励麻痹、纵容侥幸而起破坏作用。

第二，"狼来了"，现在很多单位对于检查中发现的问题往往采取简单、粗暴的处理方式——一罚了事。有的单位甚至还对各级管理人员下达了抓"三违"的指标，规定一天或一个月抓多少个"三违"人员。在这种猫捉老鼠的"游戏"下，员工与管理人员之间的关系可想而知。所以，很多员工都将安全管理人员"下现场"称作"狼来了"。"狼来了"，规规矩矩；"狼走了"，我行我素。

员工这种潜意识里排斥管理人员的现象，无疑为安全工作埋下了更深的隐患。

在胜利油田的一次安全培训课上，一位胜利油田二级单位的安全总监在课间和我交流时，曾经说过这样一段话："我建议油田把安全部门全部撤销了，因为这样可能对油田的安全管理更好。"

我问："为什么。"

他回答说："因为有这个机构在，下面的员工就认为安全是安全部门的事，与己无关。"

在这种情况下，尽管安全部门抓安全很忙很累，但是效果却非常糟糕。

更让人感到苦闷的是，一线员工普遍与安全管理部门的管理人员有强烈的对立情绪，认为安全管理人员一天到晚什么事也不做，就会来找茬。

分析上述现象背后的原因，我想主要有以下两个：一是监督检查的方法不当，二是以罚代管激起的反弹。

那么该怎样做呢？

一是到位、规范的检查。

二是检查要立足帮助。

（二）不缺少一环，不省略一步——规范检查保安全

如果检查工作做不到位，就会失去本来的意义。

检查不是目的，查出隐患也不是目的，落实整改、杜绝事故发生才是最根本的目的。

能够据此对广大的干部员工进行安全意识教育、提升安全管理技能，才能让安全检查发挥出最大效益。

试想，如果只是查出了100条隐患，而没有落实整改一条，更没有让下属员工从中汲取经验教训，与没有检查有什么两样？

这一切都仰仗规范的安全检查流程，如图5-2所示。

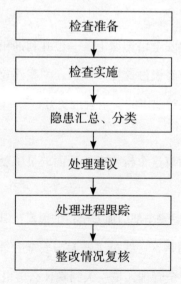

图5-2　安全检查流程

　　这是一个相对简化的流程。第一，到整改情况复核这一环节并不意味着结束，因为没有解决的问题需转入下一个进程中，安全管理也是一个不断发现问题、不断解决问题的持续改善过程。第二，各个环节、各个环节之间有大量的工作需要做到位，例如制定、落实很多表单、制度等。限于篇幅，这里都省略了。比如检查实施，怎样才能练成一双"火眼金睛"，以便捕捉到极其隐藏的细小隐患。相信明显的问题一线已经都发现并解决了。这除了依靠检查人员的经验外，一些科学工具的引用、应用，我想也一定是必需的了。比如，国外企业通用的安全检查表等。下面将对此进行介绍。

　　还有一个很关键的问题，即确定具体的检查方法。常用的检查方法有几个，如查阅记录与资料、现场观察操作、人员访谈、神秘顾客、座谈会、听取汇报等。检查者要根据检查的目的、被检查部门的具体情况，在这几种检查方式中进行结构、侧重点等搭配。

　　在安全检查中我们常常有两个方面做不到位，第一个方面是缺失环节，比如重视前面的检查，轻视甚至忽略检查后的落实、督促、复核。任何一个管理问题都应是一个闭环，缺少后面的环节就是典型的虎头蛇尾。这样的检查效果可想而知。为什么很多企业刚说检查取得了圆满成功，接着就发生了安全事故呢？我想这方面的不足应该是很主要的原因。

　　现在很多企业都在大力强调落实、执行，因为总是出现执行不力、落实不到位的问题。这里面除了管理者和员工的意识不到位外，还有一个更主要的原因是我们的工作缺少了关键环节。

　　比如对于需要立即改进的问题，检查人员要多问几个为什么，找到问题产生的深层原因，只有原因找得准，解决的措施才能有针对性，才能产生实实在在的效果。

丰田公司有一个人人皆知的"五个为什么案例"——地上有一摊油。下面是一个同样的安全案例，且更加中国化。

某一天，一家公司出货量突然锐减了四成，老板气急败坏地跑到仓库询问原因："为什么一下子减少这么多？"

员工回答："因为五辆叉车坏了两辆！（事故）"

老板又问："为什么叉车会坏呢？"

员工回答："两辆叉车的轮胎今天突然破了。"

老板问："为什么轮胎会破呢？"

员工不语，五分钟后回来说："地上发现了几颗铁钉，轮胎可能是被铁钉扎破的。"

老板问："为什么铁钉会在地上？"

员工不语，十分钟后回来说："发现放在货架顶上的一个装铁钉的箱子破了！"

老板追问："为什么箱子会破呢？"

员工回答："箱子被雨水打湿了一块，所以漏了。"

老板问："为什么会有水进来呢？"

员工回答："屋顶上有一块瓦片漏水了！"

原来是一块瓦片破损导致出货锐减了百分之四十。

为什么在安全管理上很容易陷入救火式状态之中呢？主要是我们常常立足浅层次原因去解决问题，没有找到最根本原因。

还有一个小的环节也非常重要，但却往往被检查者所忽略，即认为解决问题不是检查者的事，是执行部门的事。其实这是一个误区，从严格意义上来说解决问题就是检查的一部分，不敢说是最重要的部分，但一定是相当重要的部分。

检查者一旦发现问题，就要一抓到底，协助被检查部门制定周详的改进计划，包括责任人、完成时间、验收标准等。

案例：三星公司的会议纪要

新员工小李刚进入三星公司，在参加一次销售会议后，接到一份令他大开眼界的会议纪要。

纪要开头简短地说明了本次会议的目的和过程（很简洁），下面是一张满满的表格（很到位），详细列了一长串会上布置的工作内容和对应的责任人、完成日期、评审人、评审时间等项目，再加上转发人和电脑监控考核人，共七大要素。小李的名字也在责任人一栏，规定他必须在两天内完成全部数据的统计汇总，并形成书面报告，然后经主管部门的评审人审核合格并签字确认后，交给监控考核人，作为完成工作的依据。

有了这样的责任细化，在执行的过程中谁还敢掉以轻心。

小李说："经过这件事后，我深切地体会到，一项工作任务如果明确了七要素，责任落实到具体个人，狠抓落实，没有理由不完成得既快又好。"

借鉴三星公司的管理方法，我们在安全检查的整改阶段，可以利用备忘录或进度表等，来保证整改措施的有效推进。

如果需要多人协作才能解决问题，就可以把它看成一个项目，利用项目表对此项目的进程协调控制，确保按质按量完成整改任务，如表5-1所示。

表5-1 整改项目控制表

序号	整改项目	责任人（唯一）	完成时间（截止）	验收标准（具体）	所需资源（明确）	验收人	备注
1							
2							
3							
4							
5							
……							
N							

最后还有一步，评估纠正措施的实施效果，必要的时候可进行再次检查。

第二个方面是某些环节做不到位，即这个环节是有的，但是做得不扎实、不细致，必然影响整体工作效果。

案例：检查准备

按照杜邦公司的经验，我们检查之前，要做如下工作：

1. 知识准备

（1）检查人员内部培训。培训检查者必备的相关技能、注意事项等。

（2）自我准备与检查对象相关的背景资料。因为培训不可能提供所有的东西，很大一部分需要参检人员自己收集、掌握。

2. 业务准备

（1）确定检查目的、步骤、方法，安排检查日程。

（2）分析过去几年该单位及所属行业所发生的各种事故资料，并根据实际需要制作一些表格、卡片，用以记载曾发生事故的部门、类型、次数、伤害性质和伤害程度，以及发生事故的主要原因和采取的防护措施，以便检查人员检查过程中有的放矢。

（3）设计、拟定好安全检查表，以便逐项检查，做好记录，避免遗漏。

准备的越充分，检查的就越到位，所谓的"不打无准备之战"就是这个道理。

像上面所说的那样，利用检查表进行安全检查是一个很好的安全检查方式，因为这可以让检查人员的工作进行得更规范、检查得更全面。管理精细的企业都是采用这种比较科学的检查方式。

安全管理比较先进的国外企业没有通知检查和突击检查，它们主要采用专职安全管理人员的日常检查来促进安全管理。检查是这些人的常态化工作，员工看到他们不会有一丝一毫的惊讶与紧张，一门心思想着怎样去应对，该干什么干什么！

他们按照对物的检查和对人的检查，把安全检查转换成了危害辨识和安全行为观察。这两种检查都是借助检查表进行的，如表5-2所示。

下面首先来看"危害辨识"。

危害辨识，通俗的说法就是查找隐患。重点在于检查生产设备、工具、安全设施、个人防护用品、生产作业场所、生产物料的存储是否符合要求。检查危险源是否采取了有效的安全防护措施，安全防护设施是否运转正常等。

编制安全检查表要注意以下几点：

第一，检查表的内容要重点突出，简繁适当，有启发性。

第二，检查表应针对不同的被检查对象而有所侧重，抓住各自的特点，避免重复。

第三，检查表的项目内容应随工艺改造、环境变化和生产状况的改变随时修订、变更、完善，也就是说不能一千年不变。

第四，凡能够造成事故的一切不安全因素都应列出，确保各种不安全因素能及时被发现，并及时消除。

表5-2 电气安全检查表

检查时间：　　　　　　　　　　　　　　　　　　检查人：

序号	检查内容	检查结果		备注
		是（√）	否（×）	
1	（1）电器系统是否与生产系统进行平行设计？ （2）如装置的其中一部分发生故障，其他独立部分会受到什么影响？ （3）由于其他部分的缺陷和电压波动，装置的仪表能否得到保护？			
2	（1）内部连锁和紧急切断装置是否能自动防止故障？ （2）所用的内部连锁和紧急切断装置在哪些情况下才能发生作用？ （3）对这种装置来说，是否已经把重复性和复杂性降至最小限度？ （4）保险用的零部件和设施是否能够连续使用？ （5）对于特别选用的零部件，是否具备标准中规定的条件，具体情况如何？			
3	使用的电器设备是否符合国家分类标准？			
4	对电器系统是否进行了最简便、最合理的设计？能否对传输负荷、减少误操作起作用？			
5	如何使电器用具不妨碍生产？为了进行预防性检修，是否能从设备外部进行操作？			
6	监视装置操作的电气系统是否已经仪表化，是否能以最少的时间了解到超负荷引起的故障？			

（续表）

序号	检查内容	检查结果		备注
		是（√）	否（×）	
7	（1）有无防止超负荷和短路的装置？ （2）布线上是否采取了将发生缺陷部分分离的措施？ （3）在切断电源的情况下，电容能达到什么程度？ （4）连锁装置安装是否齐全？ （5）对所用零部件的寿命如何进行现场试验？			
8	（1）如何防止和消除静电？ （2）对落雷采取何种措施？ （3）动力线发生损坏时，如何防止触电危险？			
9	（1）能否保证日常的安全操作（危险区与最危险区有无区别）？ （2）能否保证日常的维修作业？ （3）在动力电源受到损坏时，避难通道和地点是否需要照明？			
10	储罐的地线有没有采取阴极保护？			
11	动力切断器和启动器发生故障时，是否采取应急措施？			
12	在大风的情况下，通信网能否安全地传递信息（电话、无线电、信号、警报等）？通信网与动力线的隔离防护情况如何？			
13	内部连锁如何进行点检，如何以进度表格形式说明？			
14	进行程序控制时，对控制装置变化前后的关键步骤，是否同时进行警报和自动点检？			

（三）既人性又科学——行为安全观察

行为安全观察的目的是观察作业者有无违章指挥、违章操作、违反安全生产规章制度的行为。重点观察危险性大的生产岗位是否严格按操作规程作业，危险作业是否执行审批程序等。

大家看一下检查和观察这两个词，细品其中的不同。检查含有居高临下、盛气凌人之意，而观察则有平等、探讨的味道。

大家再想一下，我们的安全检查为什么会陷入猫捉老鼠的游戏。为什么管理者和员工都觉得委屈、互相指责？相信下面的内容会给你们一些启发。

行为安全观察是客观的评价，不附带任何形式的奖罚。

1. 行为安全观察具体实施的六步法

它是以请教的方式引导和启发员工思考更多安全问题，从而纠正员工的不安全行为。

它是以肯定员工作业中安全的部分来引起员工交流的兴趣，达成让员工乐于纠正自身的不安全行为。

（1）观察

在进入工作区之前，停止30秒左右的时间来了解员工的作业内容。

在进入工作区时注意自身安全，且不能影响员工的安全。

观察员工工作的所有阶段。

用听觉、嗅觉、视觉、触觉等所有的感官，从上面、下面、后面、里面进行全方位观察。

边观察边思考所发现的员工安全上的问题、原因及改进方法。

（2）表扬

安全管理并不一定就是批评、纠正、处罚，肯定安全行为和纠正不安全行为同样重要。强化员工好的做法也是安全管理的一个高效手段，这可以让员工持久保持"优良传统"。

肯定该员工作业中安全的部分，相当于给员工一个鼓励、肯定。为下面以互动讨论的方式指出员工的不安全行为做好了铺垫。这样员工从心理上能够接受观察者，因为自己至少不是一塌糊涂、一无是处。

（3）讨论

与员工讨论观察到的不安全行为、可能带来的后果，以及安全的作业方法。

与员工进行讨论时需要掌握一些问题：

①沟通一定是双向的，最好观察人员说三分之一，员工说三分之二。只有这样才能激起员工发自内心遵章守纪的积极性。

②以关心的语气、神态提出意见和建议。

③所有的话题都针对后果，一丁点也不涉及行为。

④一定要以提问的方式探究员工不安全行为背后的原委。

⑤不要以居高临下的方式指手画脚，至少要保持工作伙伴的关系。

例如：对你正在进行的这项工作而言，主要危险是什么？

这项工作的操作说明在哪里？

对你的工作而言，你认为最重要的工具是什么？你如何保养它们？

你觉得这样操作有哪些不良后果？

（4）沟通

应如何安全地工作要与员工取得一致意见，最好员工能一一点头。

（5）启发

引导员工讨论工作地点的其他安全问题，甚至是工作以外的安全等。不要满足于就事论事，要把安全关注点延伸开来，真正体现全方位安全。

（6）感谢

对员工的配合表示感谢。这既是礼貌，也是安全管理的需要，在比较愉快的氛围中工作，员工没有压力、心情舒畅，自然安全系数就高。

安全观察六步法很简单，很多企业都在用。这里有关键的两点：

一是非惩罚性。安全观察的目的不是为了抓住正在进行不安全作业的员工，而是帮助员工更安全地作业。

二是平等、真诚、探讨式的沟通方式。通过这样的方式才能让员工在轻松的状态下反思自己的行为，达成最大化安全教育的目的。

2. 安全观察的内容

（1）人员的反应

被观察的员工在看到其工作区域内有观察者时，是否改变自己的作业方式，从不安全到安全。比如调整个人防护装备、改变原来的位置、重新安排工作、停止工作、接上地线、上锁挂签等。

很多员工由于心存侥幸，往往是有人看见时就按照规范要求作业，而无人监督时就会"偷工减料"，怎么省事怎么来。

（2）人员的位置

被观察的员工作业时的站位是否标准，是否安全。

是不是可能有下面的危险：被撞击，高处坠落，接触极端温度的物体，接触、吸入或吞食有害物质，接触振动设备，被夹住，绊倒或滑倒，触电，接触转动设备等。

（3）个人防护装备（PPE）

这里有几个需着重注意的问题：不佩戴任何防护装备，"轻装上阵"；虽然使用了却未正确使用，这等于是"半途而废"；装备是否完好，"缺斤少两"绝不能打胜仗。

下面是需要装备保护的部位：眼睛和脸部、耳部、头部、手和手臂、脚和腿部、呼吸系统、躯干等。

观察时特别要注意的几个问题：

①注意安全眼镜是否符合要求。

②注意帽带是否系好。

③注意高噪音区是否使用耳塞。

④注意接触有害化学品时是否穿戴防化保护用品。

⑤注意安全带是否有两根细绳，是否高挂低用，是否松紧适中。

⑥注意工衣是否系紧纽扣。

⑦工服是否防静电。

（4）工具和设备

重点观察以下几点：

①员工使用的工具是否适合该项作业，适合的才是最好的，不适合即使再好也不好，就像高射炮打苍蝇。

②工具是合适的，但没有正确使用也不行。不会操作，自动步枪还不是眼睁睁地变成了烧火棍。

③工具和设备本身不安全，古语说"工欲善其事必先利其器"，工具和设备本身不合格，安全上一定有隐患。

（5）程序

程序就是我们习惯上叫的操作规程。

观察人员要重点注意以下几点：

①程序没有建立，还是一片空白。这在很多小企业表现得比较突出。

②不适用。有是有，但不好用，不管用。有、对、好这三级跳才跳了一跳，后面两级跳都还没有跳。

③员工不知道或不理解。很多企业的操作规程都是管理人员闭门造车的结果，员工根本没有参与进来，事后又没有进行到位的培训，所以员工往往一问三不知。

④也有，也很好，但员工就是你吹你的号，我唱我的调，我行我素，不照此执行。这里面有两个主要原因：要么是监督没有跟上，导致执行不力；要么是企业文化有问题，造成人人懈怠的局面。

（6）人机工程学

重点观察以下几点：

①设备布局是否合理。

②员工作业动作是否最省力、最安全。

③作业区域照明是否符合要求。在昏暗的环境下作业，人很容易打瞌睡，事故就会不知不觉找上门来。

④噪音是否在合理的范围内，有无削减措施。

（7）整洁

这个大家都好理解，不然日本人费那么大劲搞个5S（整理、整顿、清扫、清洁和素养）出来干什么。

①作业区域是否整洁有序。

②工作场所是否井然有序。

③材料及工具的摆放是否适当。

在这方面一定要有得当的措施才行，因为在很多企业，5S管理刚开始搞得挺顺溜，但好景不长，真是应了那句话："辛辛苦苦几十年，一夜回到解放前。"

这里有两个抓手，可供大家借鉴：一是从一开始就要有持久以恒的决心和意志；二是在5S活动开展很好的时候就要出台长效措施，去固化这一来之不易的成果。比如反复的宣贯、到位的监督、适度的奖罚等（多奖少罚，以罚充奖）。

只有一步步做到位，安全观察与分析流程才能发挥出最大化的效力。

3. 行为安全观察的流程

（1）制定计划

（2）成立小组

（3）现场实施

（4）结果统计分析

（5）跟踪及应用

因为（2）（3）两步大家很容易理解，所以这里重点说一下（1）
（4）（5）。

首先来看"制定计划"，安全观察计划首先要讲究周密性，就是你的
观察范围要能覆盖所有区域、班次和时间段。不能挂一漏万，因为也许最
不安全的人员、最不安全的行为恰恰就躲藏在你漏掉的角落里。

此外，要规定观察频率和观察时限，要责任到人、责任到每一个时
点，如表5-3所示：

表5-3　安全观察计划表

人员	范围	频率	同行的人员
最高管理层	整个动作部门 各部门	每季一次 每个月1至4次	中层管理 小组成员 员工
中层管理	整个区域	每个月1至4次	一线主管 小组成员 员工
一线主管	自己的区域	每星期3至5次	
小组	自己的区域 与其他小组交叉审核	每星期3至5次 按要求	每个人 其他小组
HSE专业人员	整个操作区域	每星期3至5次	每个人

在做计划时，要设计好观察记录表，并对参与人员进行适当的培训，
这样才能确保计划的正确实施。不然每个人填写的都不一样，弄得花花绿

绿的,效果就很难如人意。

表5-4　行为安全观察表

部门＿＿＿＿　　　沟通人员＿＿＿＿　　　日期＿＿＿＿　　　时间＿＿＿＿

员工的反应 □	员工的位置 □	个人防护装备 □	工具与设备 □	程序 □	人机工程 □	环境整洁 □

观察区域	安全行为的描述		不安全行为的描述		
总计	总计:　　项			总计:　　项	

　　填写时不必记录被观察员工的名字,这就相当于无记名投票。因为这仅仅是就事论事,绝不会作为奖惩的依据。

　　表5-4第一栏所列的观察类别,仅仅是作为对观察人员的一种提示,绝非必须一一对照的检查清单,因为行业有别、企业不同,观察者完全可以根据实际情况做出相应的修改!

　　与被观察员工确认发现的问题,不要当场记录在案,回来后再补记,这样能减轻被观察员工的压力。

　　接着来看统计分析,其实就是先统计,后分析,重点在于分析。分析的目的有三个:把握状况,归纳趋势,提供建议。下面是行为安全观察的几个主要统计表。

表5-5 某单位12月份安全观察与沟通统计

| 12月 | 观察时长（小时） | 安全行为数量 | 不安全行为/状态数量 | | | | | | | | 每小时不安全行为 | 计划完成率 |
			员工的反应	员工的位置	个人防护装备	工具与设备	环境整洁	程序	人体工效学	合计		
第一周	8.5	32	2	6	4	4	15	2	2	35	4.1	100%
第二周	12	30	4	2	2	6	23	2	1	40	3.3	100%
第三周	11.5	31	2	0	2	5	11	1	2	23	2.0	100%
第四周	8	19	1	1	3	3	8	2	1	19	2.4	100%
总计	40	112	9	9	11	18	57	7	6	117	2.9	100%

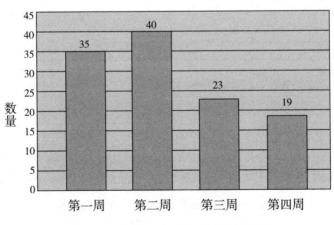

图5-3 每周不安全行为状态统计

表5-5、图5-3展示连续几周的观察结果，直观显示了企业或部门的安全现状，而且是最真实的反应，因为在这里一切靠数据说话。

图5-4、5-5不仅记录了客观状况，还清晰地展现了变化趋势。

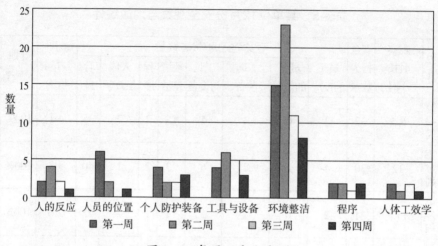

图5-4　每周不安全类别

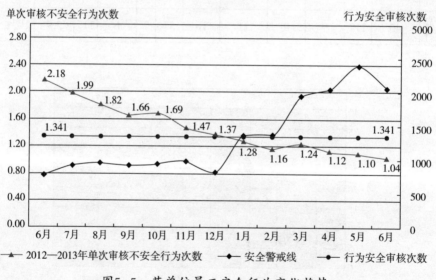

图5-5　某单位员工安全行为变化趋势

上述图表由于反映了企业或部门安全局面变化的趋势，就为管理层判断形势、做出最正确的决策提供了依据。只要原始数据不掺杂水分，这些图表就是客观的、翔实的。从图表上可以看出：行为观察次数在逐渐增加，观察程序在不断规范。观察中发现的问题数量呈下降趋势，且比较显著，这一切都说明该企业现场安全状况正在逐日好转。

最后说一下提供建议，其实这与第五步跟踪与运用是连为一体的，因为只有在精密分析的基础上才能得出合理的建议，只有恰当的建议才能在后续的安全管理中得到运用。下面是我为"提供建议"这一步提供的建议，其实就两句话：建议一定要有依据，因为必须科学；建议一定要简洁。

说了半天行为安全观察，其实它的特点可以用两个词概括：第一个词是人性化，第二个词是科学化。行为安全观察其实很简单，一点也不深奥复杂，但效果却好得惊人。这是被杜邦公司的安全管理实践证明了的。

说到杜邦，谈及安全，人人都伸大拇指，但这样好的东西在国内企业使用的时候，效果却差强人意。为什么好东西到我们这里就会走样呢？这里有一个使用的问题，还有一个使用者的问题。

这同时说明，做任何一件事情都有一个到位和精细的问题。做了和做好完全是两个概念。管理都是常识，安全管理也不例外，关键是要把简单的东西做扎实、做出成效，而不仅仅是形式和花架子。

（四）上下同心保安全——带着员工一起检查

杜邦所有的工厂都有全员参与的定期安全检查。工厂中心控制室在年初就列出一份全年的安全检查计划表，而且在布告栏的显著位置公布，让人人皆知（鱼缸管理）。这个表详细规定了不同职位人员进行安全检查的频率，以及各检查小组成员的组成。在经理检查时，一般都会安排几名普通员工一起检查，这样做的目的有两个：一是员工与经理一起进行安全检查，可以让员工感觉到管理层在安全管理方面的"有感领导"；二是在检查过程中双方可以互补——经理对大局了解多，而操作工人对现场熟悉。与经理一起进行安全检查的工人不是固定的，这样可以让更多的一线员工与经理一起从事安全管理活动。

这样的安排对我们是不是有一定的启发呢？

（五）互相促进，共同提高——员工之间互查

职工之间互查，即让同一工种、同一岗位，或同一工作性质的职工互相展开安全检查。由于检查者了解被检查工作的特点、技术水准、工作中容易出现的薄弱环节，因此能比管理人员更快地发现问题、更好地提出解决方案。

对检查者来说，通过观摩检查，也可从同行中学习和借鉴一些更安全的工作方法。

员工之间还有一种互查，不是正式的检查，而是互相观察、相互提醒。员工之间的提醒也有技巧，这个提醒方式可以用四个英文字母：B-E-E-R来表示。

例如，在地面上清理一些化学品的时候，你看到身边的一个工作伙伴图省事没有戴橡胶手套，且这个化学品对手是有腐蚀作用的。你看到了这种不安全行为，怎么去和他说呢？

要先描述对方的行为——"我刚才看到你在做什么的时候，没有戴橡胶手套"，描述一个行为，这是字母B；接着告诉他说——"实际上我们是有规定的，做这项工作一定应该怎样去做"，描述一个工作标准，这个标准用英文字母E来表示；然后告诉他违反了这个规定，具体错在哪里，这也用英文字母E来表示；最后说这样做的结果会怎么样，有什么不良后果，这用字母R来表示。

B-E-E-R=BEER，英文的意思是啤酒。所以，给工友的安全提醒，就等于是送他一瓶啤酒。

这样的沟通方式条理清晰，很容易听明白，且因为有理有据，一般不会引起对方的反感，因而效果很好。

一句话总结：这样的检查方式，能够让检查者和被检查者互相促进，共同提高。

（六）安全更要靠自己——鼓励员工自查

员工立足岗位的自查也分为两个方面：一是物的状况，二是个人的行为。

1. 物的状况

员工每次作业前都应该自检，确认安全后再进行操作。

（1）注意作业场所的安全性，例如周围环境的卫生、梯架台稳固、工序通道畅通、地面和工作台面平整等。

（2）注意使用材料的安全性。包括材料的堆放、储藏方式，装卸地方的大小，运输、起吊、搬运手段是否齐备，材料有无断裂、毛刺、毒性、污染或特殊要求，信号装置是否清晰等。

（3）注意工具的安全性。包括工具是否齐全、清洁，有无损坏情况，有无特殊使用规定、操作方法等。

（4）注意设备的安全性。必须检查设备的防护、保险、报警装置情况，以及控制机构、使用规程等要求是否完好。

（5）注意其他防护的安全性。必须审视防暑降温、保暖防冻的防护用品是否齐备和正确使用，检查衣服鞋袜及头发长短是否符合安全要求，以及有无消防和急救物品、措施。

管理人员应把这些相关检查要求制作成表格，让员工对照逐项核查。

当员工烂熟于心时，不拿出检查表对照也是可以的，但刚开始时一定要强制要求。

员工自检时发现问题要第一时间解决，问题处理完毕才能作业。如无法处理或对处理结果无把握，应立即向上级报告。

2. 个人行为

员工对个人行为的自查可通过自我观察来实现。尤其是单独作业，或是以三三两两小组形式作业的员工，更适合进行自我观察，因为他们不具备互相观察的条件，电力线路工人、司机、伐木工人等就是如此。

看到这里，读者朋友可能不自觉地小声嘀咕："自我观察，谁来监督呢？没有人在旁边盯着，员工不会尽情地搞假吗？现在的小学生都是作弊高手，何况这些成人呢？"这里面有一个很关键的因素，那就是绩效导向。小学生为什么会抄袭呢，那是因为分数高还是低牵扯到自己是"五好少年"，还是"问题儿童"的问题，甚至直接影响到老妈是给予一个亲吻，还是一顿臭骂的问题。

可能开始的时候，员工也会注水，一旦慢慢发现这些数据不是用来"对付"他的时候，就会主动认真做好这件事。尤其是他逐渐从自我观察中规避了很多原来没有意识到的风险的时候，谁又能阻挡得了员工们参与的积极性呢？

下面拿伐木工人来举例，因为我本人就有一件与此有关的揪心事。我本家叔叔，就是在伐木的过程中不幸遇难的。我想，如果当时他有这样一张表，且认认真真地进行了自我观察，也许这个悲剧就可能避免了，如表5-6所示。

表5-6　伐木工人自我观察表

环境条件\行为	是	否	不适合
1. 根部条件合适并有明显的裂缝			
2. 到工作场地的路径标好记号			
3. 准备好锯和斧子			
4. 检查头顶上的危险			
5. 清除地面上可能的危险或会造成连锁反应的隐患			
6. 选定逃脱路径			
7. 伙伴之间至少要保持两棵树的距离			
8. 清除砍口上的附属物			
9. 背面砍伐时要砍在砍口上方两英寸			
10. 楔形在砍口中			
11. 闲谈时身体远离可能发生危险的地方			
是\ 总计=安全行为%			
	是+否=总计		

　　像上面讲的这样，成体系的安全检查，加上干群一块上阵的行为安全观察，再加上小兵单打独斗的自我观察，一定能查出实效，检出安全！

本章练习

练练笔：填几个空，安全工作就会有新思路。

通过本章的学习我收获了以下几点：

1._____

_____

_____

2._____

_____

_____

3._____

_____

_____

4._____

_____

_____

经过对比，我们企业、部门目前安全工作中还存在以下几点不足：

1._____

_____

_____

2._____

_____

3._____
　_____
　_____
　_____

在现有条件下，我们立即能做好的是：

1._____
　_____
　_____

2._____
　_____
　_____

第六章

"行为零缺陷、安全零事故"

一、高管、中干、基层同携手——少一个都不行

在日本，零事故活动起源于一条标语。该标语出自挂在零事故活动培训会场正面的横幅——零事故，全员参加！

日本人其实挺喜欢搞形式的，到很多企业去都会发现，现场到处都是标语、条幅、宣传栏等。但它绝不仅仅停留于此，形式后面一定有扎实、有效的推进措施，一定不会让提出的目标仅仅成为挂在嘴边的一句口号。

上一章我们讲高层要行动，中层做推动，基层重活动。高、中、基都在"动"，其实这就是零事故活动所指的全员参加，即少一个都不行。

前面几章主要讲了中高层在零事故管理中需要做的工作，那么基层、一线员工要做什么呢？要参加哪些活动呢？

基层要参加的活动肯定不能是那种台上唾沫纷飞、台下昏昏欲睡的安全学习班，而应该是员工们比较喜闻乐见的（或者经过引导，员工能够接受），既不枯燥又不乏味的各种活动。

基层为什么要开展这些活动呢？因为零事故管理体系认为，麻痹大意、侥幸心理、捷径心理、意识恍惚等是人不可完全克服的顽疾。

下面以"侥幸心理"为例来说明这些顽疾为什么这么顽固、顽强！

搞焊接作业时，因为受到伤害的可能性非常大，大部分员工都会老老实实地使用眼睛保护装备，没有一丝一毫的侥幸心理。

那么，为什么员工大多数时候都会存有侥幸心理呢，因为我们现在的工作环境是比较安全的，像焊接这样的作业少之又少，员工不遵章守纪受到伤害的可能性很小。

何必穿着厚重笨拙的防护服，又何必谨小慎微地遵守规程呢？

就像闯红灯一样，绝大部分人闯了一辈子可能也毫发无损，那干吗还傻傻地等待呢？

但是你可能侥幸一时，却不可能侥幸一世，至少不是所有人都可能侥幸一世。各种大大小小的事故就是在这种心理状态下接二连三地到来的。

面临这样的安全局面，可能很多企业都采用两个字的管理措施——严管。如果再加两个字，那就是重罚。

但我们安全制度没少订，安全教育没少做，安全管理没少抓，就是落实不下去，执行力总是差强人意，为什么？

因为我们在开展安全管理时常常会遇到一个很棘手的问题，即员工往往是知道应该做，也知道怎样做，但就是不按标准做，忽视安全要求，导致重大事故频频发生。

"知道，会做，但不做"，这与"人的特性"有着很深的关系，其理由可能有以下几种情况。

（1）员工对是否有危险或危险程度有多大认识不清。

（2）员工在作业过程中由于精神及身体状态不佳，导致精力不集中、恍恍惚惚。

（3）长期简单重复的操作产生了厌倦、麻痹思想。

（4）员工由于逆反、惰性产生的对安全规章制度的抵触心理。

比如刚刚因为奖金分配与主管干了一仗，正在气头上，"你让我朝东，我非要往西"。"你让我注意安全，我偏偏要与你对着干"。

"抓反复、反复抓"的安全管理实践表明，对于上述原因引起的不安全行为，单纯依靠命令、指示、规定、教育、处罚等强制措施来防止是非常非常困难的，必须通过员工自主活动才能有效解决。

通过这些活动能让员工对风险始终保持高度敏感、戒备状态。安全不是上级要求员工做才去做，而是员工意识到强烈的危险，出于自我保护的本能，发自内心地去做。要求做和主动做，看起来只是颠倒了顺序，但效果、境界却发生了天翻地覆的变化。

其实零事故管理的一个根本特征就是：变传统安全管理被动的、行政强制的、应付检查的、事后处罚式的管理模式为以作业现场为阵地，通过主动、团队、超前的风险管理，确保人、物都处于最安全状态，实现零事故的目标。

二、健康确认、危险预知、手指口述——多一个更可以

在零事故管理开展的过程中，通过适当的、一定量的活动，确保人处于最安全的意识状态、物（设备）处于最安全的工作状态，这样才能确保安全。

借鉴日美企业的安全管理做法，零事故在一线层面（车间、区队、班组）常常开展的活动主要有以下八个，大家可以结合自己企业、部门的实际有选择地借鉴、变通式地引用，也就是说你可以"改编"，绝不能"照搬"。

（一）健康确认

因为人的健康状态有时会变化，不正常的身体状况会产生不安全行为，甚至直接导致事故以及伤害。

健康确认指现场管理人员在工作前的碰头会上，或其他场合，通过"观察"和"询问"，掌握每一名部下的健康状况，确认每一名员工身心是健康的，如有异常需采取必要的措施。

观察和询问都有一些要点，比如观察可以重点关注以下几个方面：

（1）姿势。腰板挺直吗？是不是垂头丧气？

（2）动作。是不是动作麻木？有没有拖泥带水？

（3）面部表情。是不是很有精神？开朗吗？有无浮肿？

（4）眼睛。清澈吗？充血了吗？

（5）对话。干脆吗？声音的大小、响亮程度与平常一样吗？

询问的要点有以下几个方面：

（1）吃得好吗？

（2）睡得好吗？

（3）有没有哪里疼？

（4）有没有发烧？

（5）正在吃药吗？

（6）熬夜了吗？

（7）喝酒了吗？

（8）感觉怎么样？

下面我们看一下22年零事故的好班长白国周是怎样做的。

有一次，他的工友祁广辉上午在老家收完麦子，下午就急匆匆地赶回了矿上，要上4点的班。他那个月差一个班就可以拿到保勤奖了，不然非但拿不到奖金，还要扣去总收入的20%。里外一算就是五六百元钱。正因为这个原因，他连住处都没有回就直接赶到了矿上。开班前会时，白国周发现他连打哈欠，精神疲倦。问过才知道他刚从老家赶回来，当时他就决定让祁广辉马上回家休息，这个班绝不允许他上。事后，祁广辉还为此和他闹了很长一段时间的别扭。

但白国周在原则面前一丝一毫也不让步，他把那句无数次说过的话又向这位工友重复了很多次，什么事也没有安全、生命重要。

（二）危险通知

1. 静想两分钟

鼓励、要求员工在作业开始前花两分钟时间回想、思考每项工作可能出现的风险，以及安全注意事项。这个活动的目的是让员工冷静下来想一下，避免匆忙中出现意外。

2. 一分钟默想法

"一分钟默想法"是把心理学的冥想法、呼吸法及松弛法集为一体的放松心情的方法，它能帮助员工在紧张的工作中得以身心安宁、专注专一，避免心浮气躁，确保安全。

一分钟默想法步骤：

（1）挺直腰背，两手下垂。

（2）轻轻地闭上眼睛，用鼻子吸气。

（3）第三次呼吸时，边吸气边将两手弯曲到肩膀的位置，用力握拳，全身用力。

（4）微微低下头，慢慢呼气，两手顺势下垂，全身放松。

（5）安静地连续呼吸，将意识集中在下腹部。

（6）60秒后慢慢睁开眼睛，活动头部和肩膀，回复身体至常态。

一分钟默想法常常在工作中间休息时进行。员工自由活动结束后，全体员工集中在车间指定位置，比如车间园地旁等。班组长组织各自班组员工进行一分钟默想法，缓解工作过程中的疲劳状态，放松身心，最后全体整齐划一地做一动作，比如高呼一句口号，或进行一次接触齐呼，然后回到工作岗位。待全体员工准备就绪后，管理人员给出信号启动生产。

3. "危险预知"活动

小孩子为什么常常做出一些在成人看来非常危险、不合常理的举动，因为他不知道危险，这就是所谓的"无知者无畏"。

安全管理就是应该让作业人员随时"感觉到危险就在身边"。要让员工明白，安全动作不是上级规定了必须做而做，是因为处处充满危险，一不留神就会受伤害才做。安全应该是一种自主自发的活动，是发自内心的行为。同时，不能让这种发自内心的行为停留在"自己的身体自己保护"这种个人级别的自卫活动上，还要通过团队活动这一媒介，依靠"大家来发现、大家来解决"的团队协作方式，提高到"大家的安全靠大家来维护"层面上来。只有这样才能不伤害别人，不被别人伤害。

只有像这样不断尝试团队安全活动，培养团队安全意识，每一个员工的安全才能得到切实保证。

"危险预知"活动就是这样一种举措。其实本书的核心思想就是风险预控，从程序上控制风险都是比较成熟的控制风险体系。这里的"危险预知"是一个补充，它与日常工作结合得更紧密、更加灵活方便，是中国化的KYT（预知危险训练）活动。

危险预知活动分为三个部分：班前危险预知、作业现场危险预知和巡回检查危险预知。

（1）班前危险预知

在班前会上，利用20分钟的时间，让员工自己去讲，内容可以是在作业的过程中曾经遇到过的"吓一跳"或者受到轻微伤害的情况，这种让员工"吓一跳"或受到轻微伤害的事例往往就是作业现场存在的最大隐患。

也可以换一种方式做这件事，让员工说出自己在作业时最害怕干的是哪一道工序、为什么害怕等。让大家一块在班前出主意，想出相应的解决方法。

（2）作业现场危险预知

每班职工分成若干对，进行互保联保作业。在作业之前，每对职工首先查找作业场所存在的安全隐患，检查完毕，两个人交流沟通，确认是隐患的及时排除，自己不能排除的告诉相关管理人员，进行跟踪解决，两人的智慧一定比一人强。

（3）巡回检查危险预知

管理人员在每天的例行巡回检查过程中，发现现场存在安全隐患，即时反馈给现场作业人员，以引起安全上的重视，采取措施妥善解决。现场人员解决不了的，请相关人员解决。管理人员一定要多走多看，因为"少看一眼、少走一步、少一个环节"，往往代表了安全生产中的一个"盲点"，"100-1=0"，一个没有看到的地方，有可能就是事故的隐患。

这样的危险预知活动，既有团队协作，又有小组配合，还有管理人员的查漏补缺，是真正意义上的群治群管。

当然，如果需要，你也可以增加一个预知环节，那就是班后的危险预知。因为时时处处预防是安全管理的不二法门。管理就是这样，没有一定之规，只有结合实际的延展和创新。

还有一点也非常关键，那就是这样的危险预知活动轻便、简洁，能够即时开展，符合我国目前绝大多数企业员工的素养和心态。如果把日本企业的那一套原汁原味地拿来，看起来很美，但有可能推广时障碍重重、水土不服。

很多企业把零事故的KYT稍加转化，变为班组事故预想，在工作现场或其他合适的场合开展，效果良好，下面是一个案例。

第一步：分组。原则上是3—4人一组，比如班组12个人刚好就分为4组。

第二步：确定选题。生产现场经常出现问题的作业项目、易出差错的设备部件自然就是你的选题。

比如，选取"油田注水泵损坏事故"作为选题。对于油田采油队来说，这是比较容易出现的安全问题。

第三步：各组明确危害后果——设备损坏，影响生产。

第四步：列出所有危险因素。

（1）丝扣腐蚀严重，盘根压帽脱落，造成连杆、曲轴损坏。

（2）柱塞泵减速箱缺机油或机油变质使减速箱烧坏。

（3）供水压力过低或停水使注水泵泵缸内出现气蚀现象，打坏注水泵阀体。

（4）注水泵连杆卡子松动，打坏连杆及泵体。

（5）注水泵地脚螺丝松动造成泵体损坏。

（6）注水泵运行过程中有异响未及时检查处理。

以上只是基本的答案，各组所列肯定不一样。

第五步：设计解决措施。

（1）经常（每隔多少天）检查盘根总承，有问题要及时更换。

（2）检查（详细的频率）发现机油不足要即时加注机油，如果发现机油变质要及时更换机油。

（3）发现供水不足或停水，立即停泵。

（4）注水泵要按规定时间（有表单）进行保养。

（5）加强巡回检查，发现问题即时解决。

第六步：各小组就危险因素和解决措施展开充分、自由的切磋、讨论。

第七步：召集人汇总讨论结果，形成目前最优应对方案。

经过这样一来二往的讨论，员工的安全意识会得到提升，技能会得到提高，士气会得到鼓舞。

4. 安全经验分享（重点在于虚惊事件，未遂事件）

安全经验分享是指员工将本人亲身经历或所闻所见的安全、环保和健康方面的典型经验、事故事件（包括未遂事件）、不安全行为、不安全状态、实用常识等总结出来，在一定范围内与同事们分享，从而使事故教训、典型经验、安全知识等得到推广的一项活动。安全经验分享通常以"分享活动"作为形式，以"安全经验"作为载体，以"提升安全意识"作为最终目的的一项活动。

安全经验分享可以穿插进行，比如安排在各种会议、培训班等集体活动开始之前、过程之中等，时间不宜过长，一般5—10分钟，也可召开一次专门的安全经验分享会。

安全经验分享可以采用单一口述形式讲解，也可借助多媒体、图片、照片等形式进行讲述。

安全经验分享应分为三部分：事件或事故的经过、原因分析、预防或控制措施。这样的结构能让表述更清晰，听者很快明白。

开展安全经验分享有三个关键点。

（1）重点在于虚惊事件

所谓虚惊事件是指事情发生了，但侥幸并没有造成人员和财产损失。

虚惊事件主要有三类：身体上的、精神上的、预想的。

例如，由于设备保养不到位，巡检制度没有认真执行，造成运转泵的润滑油有轻微泄露，并在附近的地面聚集，形成了一个光滑的地面。

当操作工甲经过时，差点滑倒，或滑倒但安然无恙，这就是一个虚惊事件；而当另一个操作工乙经过时，却不幸跌倒，造成骨折，这就是一个伤害事故了。

为什么说安全经验分享重点在于虚惊事件呢？因为只有抓住虚惊事件这个牛鼻子，才能真正防患于未然，避免事故的发生，实现零事故的目标。

因为在虚惊事件中，员工们即使没受伤，也一定会有不同程度的体验、经验、感悟。当把这些珍贵的"Hiyari&Hatto"（日语"惊吓"）体验告诉大家时，就可以和大家共同分析原因、寻找对策。在这个过程中，如果大家能从中吸取教训（正反两方面），就可以防止重大事故的发生，打造一个安全的职场。

人们都知道，安全上有一个著名的"金字塔法则"。该法则认为，在每一个死亡重伤害事故背后，都有29起轻伤害事件，29起轻伤害背后，有300起无伤害的虚惊事件，300起无伤害的虚惊事件背后有3000起安全隐患，3000起安全隐患背后有30000起不安全行为（人）和不安全状态（物），如图6-1所示。

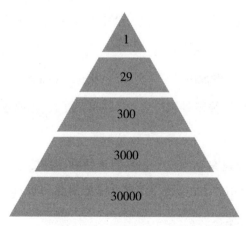

图6-1　安全金字塔

分析"金字塔法则"可以看出，如果不对不安全行为（人）和不安全状态（物）进行有效控制，就可能出现3000起安全隐患，而这3000起安全隐患会导致300起无伤害的虚惊事件，这300起无伤害虚惊事件控制失效则可能引发29起轻伤害事故，最终导致死亡重伤害事故等的出现。因此，我们可以得出一个十分重要的事故预防原理：要预防死亡重伤害事故必须预防轻伤害事件，预防轻伤害事件必须预防无伤害虚惊事件，以此类推。

上面几章所着力强调的风险管理、安全制度，主要在于改正人的不安全行为和物的不安全状态。安全经验分享刚好可以填补一个空白，即对虚惊事件进行控制。

为什么日本企业很注意对虚惊事件的管理呢？第一是虚惊事件下一步就可能是重大伤害，不可能永远有好运气。第二是很多员工由于侥幸心理，认为自己命好，很少将这类事件上报，容易形成一个个定时炸弹。一旦爆炸，就会惊天动地。

哪里有漏洞就必须堵上，不能有一丝一毫的疏漏。

管理人员可以通过以下两种方法鼓励员工分享虚惊事件。

①通过安全教育从意识上提高员工对虚惊事件的重视。②消除员工的顾虑。因为虚惊事件往往隐含着"三违"行为，管理人员要在公开场合承诺：员工主动分享的虚惊事件，不管有无违纪，不批评，不扣分，不罚款。

因为通过分享虚惊事件感受经过、查明原因、采取预防措施，远比罚款重要。

对于总结出经典案例的员工，不但不罚款，还要给予适当奖励。奖品可以是洗发水、毛巾、洗衣粉之类的日常生活用品。花钱不多，效果很好。

（2）要考虑受众

安全经验分享选取的题材要考虑分享对象，要与听众工作生活有交集，要让他们感同身受。只有这样听众才能听得懂，听得懂他们才喜欢听、能理解，能理解才会受启发。这样的安全经验分享才有效果。

（3）要讨论

如果时间允许，在每一个分享结束的时候，要组织现场全员进行一个简短的讨论。这可以避免讲述者唱"独角戏"，同时也能点燃大家参与的激情。

案例：情绪安全

青年工人小程在一次闲聊时抱怨三轮车非常难骑，每次检修运送工具设备时都很费力，为此真想对着车子踹上两脚，可又怕踹完以后车子"罢工"。班组杨师傅听了之后，把这件事情悄悄记在心里。后来，他抽出时间和小程一起把三轮车拆开，将车子维修保养了一遍，骑起来就轻巧多了。小程当即心花怒放，心情大好地骑着车在院子里转圈。

班组领导事后评价说，小程经常骑三轮车来回拉工具设备，车况不好自然影响工作效率，同时会严重影响小程的工作情绪。如果工作时都闷烦躁、精力不集中，就可能导致不安全的行为出现，存在安全隐患。及时修理三轮车后，不仅提高了劳动效率，而且避免了由一个小问题引发的员工情绪波动，消除了工作中的不安全因素。

以上是中国安全生产网曾经刊载的一个案例。

情绪对人的思想、行为的影响非常大，如果每个人都能深入剖析，主动解决工作中存在的各种问题，尤其是隐藏很深的情绪问题，及时消除不安全因素，那么班组抓好安全管理工作并非难事。

这个案例分享的好处有两点：一是情绪安全问题，这类问题因为细微，人们往往容易忽略。二是尽管是早班会，时间很短，不能展开充分讨论，但班长仍然做了到位的点评。

5．活力班前会

为什么我把它称为"活力班前会"呢？一是因为班前会本身应充满活力，二是因为班前会应激起员工的活力。

在第二章中，我结合安全流程管理对班前会进行了简单的介绍，因为其重要性，所以下面还要多说两句。

班前会要开，还要开好，不但要开好，一定要长期开好！

班前会有三大作用：

（1）布置工作

（2）强调安全

（3）提升士气

其实开好班前会很简单，但就因为太简单了，我们却做不好了，尤其是天长日久做一件简单的事就更加难了。

下面是白国周的班前礼仪法，其实就是班前会。流程如下：

①值班领导点名，安排布置工作。

②班长讲评当班安全生产注意事项。

③职工对有关工作和注意事项进行点评。

④班长带领大家进行安全宣誓。

⑤更衣后，班长带队，集体下井。

看后是不是觉得很简单，没有一丝一毫的新奇之处？但白国周把这样简单、没有任何新意的班前会一坚持就是几十年，确属难能可贵！

比如，每次班前会都有必不可少的一项内容——入井前的宣誓：做本质安全人，上本质安全岗，为了家庭幸福，为了企业发展，珍爱生命，绝不违章！

每次都是白国周带头，其他班员跟随。众人都举起右手，把这几句说了无数次的话坚定有力地再诵读一遍。

二十多年，每年几百次入井，次次如此。

当然，我们更可以通过例会设计，让班前会变得灵活多变、有趣，对员工产生吸引力。由"必须开"，变为"我想开"！

这样的坚持就是更加有意义的坚持！

例会设计就是设计例会的流程，把会议每一步做什么，清清楚楚地写出来。下面是某销售部门的早会流程。

（1）检查仪容仪表。由部门领班利用整体目测和逐一巡视的方法检查员工的仪容仪表，并将不合格的员工记录备案。

（2）各小组报告人数。以小组为单位迅速核对人数。

（3）每日一娱。员工轮流主持一个能够调动大家激情的节目，或自己表演，或和大家一起活动，形式不限。可以是歌曲、舞蹈、小品、游戏、猜谜语等。

（4）昨日工作点评。主管对昨天的业务进行精要点评，点评的着力点是很好的方面、需改进的地方。销售之星名单上墙，把最优秀的员工名字写进表扬栏。

（5）案例研讨。每日选取一个销售案例，由当事人自我解剖。通过典型引路，经验共享，让大家在早会上学到技能。

（6）一对一辅导和训练。小组内业务对子之间互相交流，主要是老员工为新业务人员答疑解惑。

（7）今日的计划和工作安排。部门经理对当天工作做出安排。

（8）角色扮演和话术演练。每日抽一句顾客异议，分角色模拟演练。

大家看一下上面的早会流程，会发现下面几个特点。

（1）提振士气。早会不仅可以用来布置工作、总结业务，还能调节员工心情，提振士气。因为一日之计在于晨，一天开始的时候有一个好心情是很重要的，昂扬向上的员工特别能打胜仗。

（2）引起兴趣。为什么员工不愿意开会呢？主要原因还是无论大会、小会，都是千篇一律、老生常谈的，让人直打呵欠。上面这个早会流程"每日一娱"就有一个很好的特点，有别于其他公司的唱司歌、呼口号等"一千年不变"的形式，这个环节每天的内容和形式都是变化的。没有人知道，轮值的人会在第二天的早会上带来什么意外的惊喜，因此一定会满怀期待。

（3）传授技能。早会不光有娱乐，还能学到技能，这一点在这个早会流程里体现得更加充分。7个模块里有3个都是在分享、培训等，而且形式多样、毫不枯燥。既开心，还能帮助提升业务能力，这样的早会哪一个员工不愿意参加！

即便有以上所列的不少优点，这个早会流程也还可以因时、因地改进，精细化管理不就是提倡持续改善吗？

在8个模块里面，1、2、4、7是不能改变的，其他4个模块都可以根据具体情况进行适度的调整。比如，"一对一辅导和训练"可以改成"每日一小课"等。

看到这里，有的读者一定会说，"这是销售部门的早会流程，我们生产部门跟你这区别大着去啦，完全不是一回事。我们的班前会一般时间很短，不可能搞这么多条条框框"等。是的，这一点我非常认可，生产和销售两者差距很大，决不能照搬、套用。

但你可以学习别人的思想、方法，然后结合自己的实际情况去合理借用。例如，是不是可以在班前会上搞个简短的安全小培训（内容可变），做一下适合员工特点的士气提升活动（内容可变）等。其实，这些活动并不占用很多时间，完全可以因时制宜地开展。

另外，由于这两个小环节的内容是可以变化的，搞得好可以对员工产生一定的吸引力。只有这样，员工才会发自内心地愿意参加，才可能调动起员工工作的激情，才可以被称作"活力班前会"。

不管干什么事情，调动起参与人员的积极性都是非常重要的。

6. 安全管理改善活动

安全离不开改善，而且应是持续不断、渐进式的改进。"零事故管理"的劳模——丰田公司数十年来一直在这样做。

改善应是三个一群、五个一伙的小组活动，由大家根据项目需要、兴趣爱好等自由组合。

（1）改善小组活动程序

①选题

选题应立足中心工作，着力解决安全生产的薄弱环节。刚开始的时候，应选择投入少、时间短、见效快的项目实施改善，让员工能比较快地看到此项活动带来的好处，以增强他们参与改善的信心。

某企业的生产部门在开展安全改善活动的初期，就首先把污染源作为改善的对象。因为废气、废水、废渣、油污、噪音等常见的污染源，对安全生产影响大，又比较容易上手解决，改善后立即能看到成效，且对员工的身心健康大有好处，因而能够提振士气，增强员工投身改善的积极性。

②确定目标

量化小组工作目标，以便检查工作进度、衡量工作成果。

③调查现状

为了解目前状况，必须认真做好调查。在进行现状调查时，应根据实际情况，使用不同的工具，如调查表、排列图、折线图、柱状图、直方图、饼分图等，进行翔实的资料搜集整理。

④分析原因

掌握现状的目的，是明确问题背后的原因。全体组员各自动脑筋、想办法，集中起来开"诸葛亮"会，集思广益，找出问题的原因。根据关键少数、次要多数的原则，找出主要原因。

⑤制定措施

主要原因确定后，制定相应的改善措施。要明确几个问题，即谁来做、什么时候开始、何时完成、检查人是谁等。

⑥实施措施

按计划分工实施，小组长要组织成员定期或不定期地研究实施情况，发现新问题要采取合适的措施去解决，以达到活动目标。

⑦检查效果

改进措施实施后，应检查效果，就是把措施实施前后的情况进行对比，看实施后的效果是否达到了预定的目标。

⑧分析遗留问题

一劳永逸地解决所有问题是不可能的，对遗留问题进行分析，并将其作为下一次活动的课题进入新的循环。

⑨总结成果资料

小组对活动成果进行总结，能够促使自我提高，也是成果发表的必要准备，同时这也是总结经验、找出问题、进行下一个循环的开始。

（2）成果发表会

改善追求的是结果，不管是小组改善活动，还是改善大课题，都要做最终成果的说明、发布。

成果发布会内容一般包括成果介绍、成果评比、成果奖励三个相关环节。在成果介绍的时候，介绍人应使用PPT（幻灯片），利用图表把改善的效果直观地展现在参会人员面前，以加深人们的印象。

发布的场所虽然是在会议室里，但成果应体现在现场实际改善的绩效中，比如说某设备比原来好用了，因而更加安全了；某个制造流程改善了，节省了多少时间，员工工作量减轻了多少等。也就是说，实际效果必须与你的介绍、展示相印证。

评比与奖励最是不应该缺少的环节，只有评比才有竞争，才能形成"比学赶帮超"的压力。小改善小奖，大成果大奖。但有一点，一定要把气氛搞得热闹一点，再热闹一点。只有这样全员改善、全员安全的氛围才能慢慢形成。

7. 手指口述活动

疏忽、恍惚、漫不经心、心手不一是人类的天性，很难从根本上规避。

手指口述就是缓解、根除这个问题的一种手段，或者也可以称为一件工具。

有人把虚惊提案、危险预知和手指口述称为零事故活动的三板斧。

手指口述最先在日本煤矿企业一线员工中推行，后来慢慢拓展到其他行业，实践证明，它是很有效的一种自我安全管理方式。

过去我离开家时，走下楼后常常担心门是不是锁好、饮水机电源是不是关掉，又噔噔噔噔地跑上楼，结果一看一切完好，再噔噔噔噔地跑下楼。有时忙于赶时间，累得我上气不接下气。后来我引入手指口述，每当离开家时，就用手指口述。饮水器关掉，电灯关掉，门已反锁。在手指口述中，因为有声音帮助我加深记忆，这种跑上跑下、累得张牙舞爪的事情再也没有发生过。

手指口述的具体过程有三步。

（1）站立时双脚脚后跟紧贴，成立正姿势。双手自然下垂，双手中指与裤子中缝贴紧平行。

（2）慢慢抬起右手，成握拳状。

（3）双眼直视被指对象，将手从大拇指碰中指的拳头状，变成食指笔直伸出的形状，指向自己要确认的对象，清晰地喊出："……确认安全！"这一句话一定要清晰、具体。

不要说："温度正常，确认安全！"最好是说："温度25℃，确认安全！"

手指口述有以下几个作用。

（1）帮助操作者持久地保持高度的注意力

员工在生产过程中，日复一日从事单调、枯燥的作业，缺乏任何刺激。每个操作者都会产生心理麻痹，注意力分散。手指口述通过手指来引导眼看、耳听、心想，达成心（脑）、眼、耳、口、手的集中联动，能够强制操作者注意力集中。

（2）增强操作者的定力和稳定性，排除各种干扰

人在持续作业时，常常伴有各种各样的干扰因素：生理不适、疲惫劳累造成的体能下降；情绪波动引起的心态失控；对其他人和事的好奇引发的注意分散；由噪音、风、潮湿、阴暗等环境因素导致的身心不适；伴随羡慕嫉妒恨而来的分心走神；贪求安逸、侥幸麻痹产生的违章冲动等。手指口述可以帮助作业者排除各种干扰，集中精力生产。

（3）快速启动作业，使操作者迅速进入状态

经常看到这样的情况：已经过了开工作业的时间了，作业者还慢腾腾、心有旁骛，迟迟进入不到工作的状态中去。通过手指口述，操作者可

以最快的速度把自己的眼耳身心全部集中到操作上。这既有效保证安全，又能提高工作效率。

（4）强化操作者严格按操作程序作业

通过手指口述，让操作者系统检查劳保用品、逐一检点装备设施、认真稽核必备的材料工具是否具备确保安全作业、正规操作的条件。通过意识打一个转，避免了注意的空白、盲区，防止作业开始后丢三落四、顾此失彼。

通过手指口述，操作者可以在作业过程中不漏步骤、不缺环节、无误差偏差，一丝不苟地按程序操作到位。因为有些操作属于关键性操作，一次误操作就会引起灾难性的后果。

（5）帮助操作者灵活机动地应对复杂多变的作业现场

作业现场的情况是不断变化的。

动态的环境条件、动态的人机系统，随时需要作业者做出正确的判断和选择。从大量的事故原因来分析，恍惚、侥幸、烦躁、走神是导致事故发生的最大根源。通过作业现场手指口述，对员工大脑形成强烈、持久的刺激，避免看错、听错、想错导致误操作，达到规范行为、确保安全的目的。

（6）帮助作业者减少疑虑

在巨大安全责任的压力下，作业者对日常从事的、非常熟悉的操作也会产生怀疑。比如，设备仪表上有很多按键，下一步操作应该按下哪一个？在精神高度紧张时，会怀疑自己本来正确的选择。如果员工位于孤独的作业环境，这样的惶恐更会加剧。

运用手指口述，经过脑眼耳口手的联合确认，就能使作业者彻底解除担忧，放心大胆地操作。

手指口述确实好处多多！但很多企业在推行时往往是虎头蛇尾，善始善终的少。

原因当然很多，其中最主要的有以下三点。

（1）管理层没有持久推动的决心和意志。

（2）没有向一线员工切实解释好手指口述的意义、作用、推行的必要性等。

（3）基层员工有抵触、排斥心理。

为什么员工会对手指口述有抵触心理呢？下面我们进一步分析。

（1）新事务。任何新生事物的出现都会有一个认识、接受与认同的过程，再好的措施、办法在推行之初都不一定畅行无阻、一帆风顺。

（2）差不多。员工受传统文化的影响很深，满足于"差不多"，不追求精确，与事事追求精细到位的日本产业工人有很大区别。特别是一线职工多来自于农村，农民善良、质朴，但也传统、保守，对手指口述安全确认法，有多此一举的心理，怀有很强的抵触情绪，认为不管怎样，只要把生产搞上去就行了，何必来这么多条条框框。

（3）难为情。部分员工认为在工作中边干边说、指指点点，就像一个精神病人、傻子，难看、难听，打心眼里反对，甚至有些管理人员也有抵触情绪，不愿意接受。

（4）文化低。很多一线员工（尤其是矿业）都是农民工，文化基础薄弱，有些更是识字不多。掌握这样既要理解又要记忆的手指口述工作方式，确实有一定的难度。

有一次，我在一个煤矿上培训课，上午的课程中有一个训练环节，每组抽取5人上台进行手指口述现场演示。有一个被大家推选的学员百般推托，最后我决定把他演示的时间推迟到下午。结果这名员工下午居然借故请假不到场！后来，我从该员工的主管那里了解到，这名员工刚从农村出来上班，识字不多，做这件事确实很困难。

（5）没有用。很多员工，包括一部分管理人员也认为，手指口述是形式主义，是花架子，是额外增加职工负担。根本没有用，更有人调侃道："8年抗战不是把日本人打败了吗？怎么现在把日本人的这一套又请回来了？"

怎样解决这些问题？怎样让员工积极投入这个很关键的活动中来呢？员工如果只是害怕考核而勉强应付，那么手指口述活动就是形式主义，没有任何意义，反过来还会加剧员工没用的心理定式。所以，让员工愿意、乐于参与是手指口述活动开展成与败的关键之关键！

（1）造势

任何新生事物都有一个被大家接受、认可的过程，手指口述也不例外。管理者在这个过程中要善于造势，教育培训就是一个很好的造势手段。

重点是把手指口述对企业，尤其是对员工个人的好处讲清楚，这样员工就会慢慢接受手指口述，自觉在工作现场进行手指口述，因为没有人会拒绝真正对自己有利的东西。

①会议

企业要利用领导班子会、中层干部互动会、职工动员会等进行统一认识。只有上下齐心，才能形成合力。

②培训课

可以把手指口述作为培训内容之一，通过培训的形式让员工潜移默化地接受，这比强制接受要好很多。尤其是外部的老师来讲，效果会更好一些，因为对于外来的老师，员工的抵触心理会小很多，相对更容易接受。

③板报

手指口述的核心是一线员工，采用贴近这些员工的宣传方式能收到良好的效果，比如板报。因为在各基层都有不同形式的黑板、白板等，有些没有使用，有些没有很好使用，都是一些陈年旧事、无关痛痒的内容。这个时候应该好好利用一下，用通俗易懂、幽默风趣的形式把手指口述的意义、作用、操作技巧向员工说清楚、讲明白。

④信息

利用现代信息手段去宣传手指口述，教育引导广大员工，比如网站、手机短信等。这些载体内容形式多样、图文并茂，可以时时在线、即时传送，宣传效果很好。

⑤娱乐

现在其实是一个全民娱乐的时代，员工更喜欢接受轻松愉快的东西。采用一些娱乐的方式去说服员工，比板起面孔教育员工效果肯定好很多。像演讲比赛、歌曲、相声小品等形式都可以拿来使用。如果让最普通的员工参与进来，由他们自娱自乐，那更是另一种境界！

下面看一个关于手指口述的相声片段，这就是基层员工自己创作、在企业文艺汇演中进行表演的，在一线员工中引起很大反响。

“手指口述”好好好（相声）

甲：你好，今天当大家的面问你个常识性的问题。

乙：豁！什么常识性的问题还当着大家的面，要是特殊问题你不拿着喇叭满街吆喝呀？

甲：瞧你，上来就杠头呀你？

乙：有什么问题你就快问吧！

甲：那我问你，知道"手指口述"吗？

乙：就这问题呀，我怎么不知道，杨树、柳树、梧桐树、泡桐树等，你说什么树？就连福建武夷那三棵珍贵的大红袍茶树，我不仅知道，还亲自留过影呢。

甲：什么这树那树乱七八糟的，那叫"手指口述"，是叙述的述。

乙：是这么个"手指口述"呀，你看说，这我还真不知道。

甲：这你都不知道？

乙：废话，我可不在煤矿工作，怎么能知道呢？

甲：也难怪。告诉你吧，是咱们煤矿推行的一种安全管理法。

乙：能不能给我介绍一下什么是"手指口述"管理法？

甲：当然可以了。"手指口述"管理法是咱们矿区推行的一种非常有效的安全管理法，按照煤矿各工种岗位精细化管理的要求，作业人员通过心想、眼看、手指、口述对每一道工序进行安全确认，使自己的注意力和物的可靠性达到高度统一，从而避免"三违"，消除隐患、杜绝事故。

乙：呵！够神奇的。

甲：据说这"手指口述"管理法还是从日本进口的呐。

乙：哦，这还有进口的吗？

甲：那有什么稀奇的，这就叫"他山之石，可以攻玉"嘛！何况安全管理方法理念本身就是无国界的。

乙：那是，请问"手指口述"都是怎么个做法。

甲：我演示一下给你瞧瞧。

乙：好呀，大家看看是什么个"手指口述"法的。

甲：比如说吧，我是电工，现在需要停电作业。

乙：哦，停电就停电吧，那需要什么"手指口述"的？

甲：是呀，以前电停就停了，也不进行安全确认。现在不行了，要经过检查确认电停了以后才能进入下一个环节。

乙：哦，是为了防止麻痹大意出差错。

甲：那是，现在我开始做，你看好了啊？先把电停了，然后就这样（学做手指口述动作道）"开关电已停，确认完毕"。

乙：呵！瞧这动作表情还挺认真严肃的。

甲：那当然了，安全为了自己，也为了大家，不严肃认真行吗？

乙：是呀，我们知道，再聪明的人一日都有三浑的时候，经这么一检查确认，不仅提醒了自己，提醒了大家，避免了工作上的失误，同时也振奋了精神。

……

（2）化解

单从字面上去理解，化解就是融化、解决的意思，意即采用一些巧妙的办法处理问题。

管理者要先听听员工怎么说，对手指口述有哪些想法，然后采用疏导的方法，化解各种不利因素，让职工正确认识、乐于接受手指口述操作法。注意这里是先听后说，而不是一上来就教训人。只有善于倾听，才能因势利导，避免因工作方法的简单、粗暴造成职工的误解、对立、逆反心理，使手指口述工作无法真正落到实处，影响安全生产。

（3）手指口述文本要简单、实用

各企业在推行手指口述时都编写了各岗位适用的文本。文本必须通俗、实用，绝不能照抄照搬、拿来就用，力避鹦鹉学舌、东施效颦。文本编写要紧密结合企业、岗位实际，要考虑受众的文化状况、接受能力。要依据"科学、简洁、实用、有效"的原则，在抓住核心与实质内容的前提下，有针对性地对安全确认的主要标准、内容与程序进行细化、提炼。在内容上要突出各工种的作业程序、安全防范重点，就是第一步做什么、第二步做什么、每一步的安全注意要点等。

在文字上应口语化、通俗化、简明化，只有这样才便于员工学习、实际操作。

太复杂的东西肯定不利于推广！

在工艺、设备及现场作业环境发生变化时，应对文本进行适时修订。

（4）先试点、后推广

同任何新生事物的引进一样，手指口述的推广也应"以点带面、逐步扩展"。先期选择的"点"应该满足下面两个条件：

①急需，即安全管理的关键之关键环节，比如电网公司的配送电工序等。

②基础好，所谓基础好，主要指员工的素质，因为员工素质好，推行起来就相对容易，能够起到示范作用。

人员素质好有两个标志：年龄低些，文化高点。

（5）严格考核不走样

既然决心开展手指口述活动，管理层就要有持久推动的决心和意志。要么不做，要做就要做到最好。

一是逐级建立实施"手指口述"的检查办法，明确检查内容、方式和方法，在摸索中不断健全与完善。尽量利用信息化监控这一有效手段，不具备信息化监控条件的作业场所要确定专人负责。

二要严格考核。"手指口述安全确认"是必须执行的安全管理制度，是制度就要对执行情况监督考核。

在推行之初就应确定谁来监督，做好的怎样奖，不到位的如何罚。不仅要考核员工，更应将各级负责人作为重点考核对象，因为按照杜邦公司的观点，行政负责人即为安全第一责任人。

上面讲的确保"手指口述安全确认"推进的建议，可以用三小句话来概括：标准制定要"精"，氛围营造要"亲"（亲切、自然，不要使员工产生强烈的对立思想），监督考核要"实"（落实）。

其实，企业的大大小小工作推动都遵循这一基本原则。要素绝不能缺，缺任何一项都会造成执行不力。

差点忘了，还有一点更是非常重要，那就是要持久坚持！

三、增智赋能、激活潜能——变压力管理为动力管理

上面所讲的八个活动，其目的都是调动员工参与安全管理的积极性，培养员工的安全意识。因为在安全管理中，意识优于技能。只有员工有安全意愿，才会有安全的行动。

我们再重复一次安全"金字塔法则"。在每一个死亡重伤害事故背后都有29起轻伤害事件，29起轻伤害背后有300起无伤害的虚惊事件，300起无伤害的虚惊事件背后有3000起安全隐患，3000起安全隐患背后有30000起不安全行为（人）和不安全状态（物）。而这众多不安全行为和状态的背后则是员工安全意识的缺失，如图6–1所示（见197页）。

零事故管理的最有力抓手是把安全生产细化到每一道工序、环节，积极主动识别风险、控制风险，把安全隐患消灭在萌芽状态，而这一切都依赖于员工的安全意识、素养的提升。

怎样提高员工的安全意识呢？主要依靠坚持不懈的教育，要有滴水穿石的意志和决心！非如此不能奏效，因为改变人心是一个艰巨的过程。

采用什么教育形式呢？最好是活动的形式，因为以活动的方式开展安全教育不会引起员工的对立情绪。团队活动是最佳选择，因为大家的安全

大家管，依靠个人不保险。

（一）安全意识四阶段

下面看一下安全意识发展的进程。

1. 听天由命

这是安全管理的最低级阶段，自然本能是这一阶段的关键词，头被砸破了，才想起拿安全帽；手被扎破了，才赶紧跑去戴手套。私底下认为事故是不可避免的，人只能被动应付，不可能主观改进。

2. 不推不动

这是安全管理的发展阶段，害怕、纪律是这一阶段的关键词，安全管理依靠监督，遵章守纪需要考核。推一下才动一下，而且是很不情愿的动。

3. 积极主动

这是安全管理的较高阶段，主动、自我是这一阶段的关键词，员工认为安全不为别人，是为自己、为家人。自己的安全自己管，依靠别人不保险。

4. 协作互动

这是安全管理的最高阶段，员工互助、团队荣誉是这一阶段的关键词，这是安全管理上的"人人为我，我为人人"，只有团队协作，安全才有保障，零事故目标才能最终实现。

因为一个团队，一千个员工，999个安全，只有一个不安全，也意味着不安全，甚至是灾难。这就是安全管理上的"1000-1=0"。

零事故管理的很多活动都是以团队形式开展的，其目的就在于此。

（二）提高员工安全意识的方法

据杜邦公司对国内企业的调研，绝大部分企业员工的安全意识水平都处于第二阶段，即靠考核推动阶段。怎样才能让员工的安全意识上台阶，达到理想的协作互动、团队安全阶段呢？上一章讲了很多培育、提高员工安全意识的活动、方法，下面再梳理一下，提供一个基本的思路。

1. 分类

根据80/20原则，任何一项管理工作的开展，都要本着一个基本思路，那就是抓住关键的少数。这些关键抓好了，就能带动全局。借鉴很多企业的比较好的做法，可以采用对员工分类的方法，去确定工作的重点。比如，按照安全意识、安全技能把员工分为四类：非常安全、安全、基本安全和不安全，如图6-2所示：

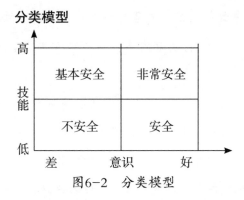

图6-2　分类模型

这么分类有什么好处呢？就是管理人员可以据此有重点地开展工作，把最主要的精力放在第四类员工上，兼顾其他三类，带动全局。另外，你还可以清晰地知道某个员工总出问题，究竟是意识问题还是技能原因，或者两个因素都有，这样就可以按照缺什么补什么的原则，有针对性地做工作，达成有的放矢，事半功倍的效果。

2. 互动

今年我过年回老家，到妹妹家去，三岁的小外甥与我初次相见，刚开始的时候不可避免有点怯生生的。刚好我妹妹要上班，妹婿临时要出去办事，委托我照看三个小时。这看起来就是一个比较艰巨的任务，因为外甥与我还基本处于陌生状态，在与我单独相处的三小时里，他要是哭闹该怎么办？

我妹婿很是担心，离开家时千叮咛万嘱咐的。

三小时后，当我妹婿回到家里，看见的却是一片祥和的景象。小外甥不但没有哭闹，相反却喜笑颜开。

妹婿忙问我是怎样带孩子的，这样长的时间一点也不哭不闹。我回答了两个字——互动。原来，5分钟过后，当小外甥有点不高兴的时候，我赶紧说："给舅舅找剃须刀，舅舅要刮胡子。"他一听，立马跑去找，颠儿颠儿地把他爸爸的剃须刀找来。我一边刮胡子，一边逗得他哈哈地笑。

这一个活动进行完毕，外甥又刚刚把小嘴撅起的时候，我又开始了下一个活动。我把他家的两本厚厚的影集从柜子上拿下来，然后指着里面的一张合影照片说："看，这里面哪个是你的妈妈？"外甥伸长了脖子仔细辨认，不一会儿就用小手准确地指向了他的妈妈。我大声地夸赞"俊俊（外甥的小名）真棒"，外甥高兴地大声笑起来。我又让他找爸爸、姥爷等，光是这一个项目就进行了差不多半个小时。

以此类推，一个活动结束，另一个活动开始。三个小时的时光，外甥非但没哭闹，反而一直是兴高采烈的。

这个事例说明了一个道理，人与人之间要想无拘无束地愉快相处，必须你来我往，一个巴掌绝对是拍不响的！

如果把这个思路移植到安全管理上，就是管理人员在培养员工安全意识的过程，切记不要一个人在那里唱独角戏，一定要设计各种手段调动起员工参与的积极性，只有员工发自内心地参与，安全教育才能避免流于形式，员工的安全意识才能真正得到有效提升。

3. 激活

时下，很多企业、部门、班组推动安全管理、开展安全教育的方式仍然停留在传统的思维模式上，即抽查、评级、批评、考核和奖惩。这是由外而内、由上至下的强压推动，其结果是，员工是在压力下做安全培训，在被动中受教育。消极、怨气、抵触，当面一套，背地一套一定不可避免。

我们很少去想方设法采用一些可行的方式，培养、激发起员工自愿、自动、自发参与的意愿。

很多企业的培训重点依然停留在安全技能上，而员工个人思维的锻炼、心智的修炼、精神境界的塑造却被大大忽略了。

安全技能是"显能"，员工的心智是"潜能"，潜能是显能的支撑，潜能未被激活，显能往往无效。在安全上的典型表现就是会干但不去干，或者消极被动地干、敷衍了事地干，甚至阳奉阴违地干。

有些员工本来职业化素养就低，在这一点上与欧美日企业相去甚远。如果不通过一定的措施妥善解决这一问题，再多的方法、工具都不可能产生应有的效果。就拿手指口述来说，在日本，企业说推行就推行，基本没有阻碍，可是在国内推行却问题多多，开始时障碍重重，坚持时险象环生。其最根本的原因就是员工内心的认同度低。

这就是很多企业安全活动没少做、安全制度没少定、安全会议没少开，可员工依旧岿然不动的原因之一，也可以说是最主要的原因。

那么，如何解决这个问题呢？

首先应增智赋能，然后再激活潜能。

增智赋能就是要添上、补上员工作为一个职业员工所缺失的基本东西，具体就是要通过适当形式的教育，提升员工的素质、素养。这一课本来是应该由社会、家庭、学校来完成的，但由于种种原因，现在却不得不由企业来上了。培养的重点应在于职业动机、职业心态、角色定位三个方面。

由于基层员工普遍学历不高、学习能力不足、思维固化，对员工的素养教育，企业应采取灵活互动的方式，例如提问启发、实战演练、游戏模拟、体验分享、案例研讨等（现在很多企业都有自己的培训中心）。

激活潜能即要把员工潜在的能量激发出来。在绝大部分企业中，你只要把这一步工作做好了，受益就一定很多。因为很多时候员工只需把4—5成的身心用在工作上，就是一个很合格的员工了，其可待开发的潜力十分巨大。

激活要有方法，而且方法还很多。举两个例子说明一下。

（1）赛　场

把工作场所变成员工学安全、讲安全、做安全的竞争场所，用"比学赶帮超"的压力，由内到外地触动员工，提高员工的安全意识，改变员工的安全行为。

启动安全先启动人，启动人先启动精神。人人都渴望获得认同、受到尊重，对荣誉的追求是人的天性。提供一个平台让员工去展示自己，让每一个人都充分发挥自己的潜能，能激化起人持续的能动性和自我实现感，用荣誉激励行动，用荣誉保证安全。

竞赛本身不是目的，在竞赛过程中激发起员工的主动参与，以赛促安才是最重要的。可以开展的活动有安全标杆模式评选、安全才艺大赛、绝活员工评选、安全标语征集或征文活动、安全标杆班组评选、优秀班组长评选（这些形式化的东西是员工所喜闻乐见的，利用得好可以营造氛围，促进安全）。

（2）环 境

人造环境，环境育人。一个人的动力是有限的，而且也很难持久。但当单个的个体交互形成网络，便会相互影响、相互促进、互相推动，形成持久的前进力。

尤其是借助于现代信息技术形成的网络环境，更是具有强大的能量。因为它可以形成一个即时分享、即时互动、即时纠偏的网络大环境，促成"人人想安全，人人抓安全"的大氛围。

多样化的网络平台：网络论坛、博客、微信群、QQ群等。

多样化的功能实现：辅导功能、发布功能、讨论功能、分享功能、反馈功能、激励功能、推动功能、表现功能、搜索功能、定位功能等。

因为网络的即时、便利、互动等特性，所以利用网络促安全，投入小，收益大。

什么样的员工才是一个被激活的员工呢？这样的员工一般有三个明显特征——会分享、能反思、常反馈。

当这一状态成为绝大部分员工的常态以后，安全管理就从由外到内、从上到下的强推变为由内而外、从下往上的驱动。

安全管理提倡激励、提倡心智改善，是不是就不要制度、不要处罚呢？相反，制度的执行一定要加强而不是削弱，也一定会加强而不会削弱。这二者绝不是对立的，而是一枚硬币的两面，是相辅相成的关系。一是因为只有自觉的员工才会对制度心存敬畏，才会不折不扣地执行，而一个被"激活"的员工一定是最自觉的。二是因为安全管理永远应是激励为主、处罚为辅。辅导、激励的是大多数，批评、考核的是极少数。好员工基本不需要强制手段，处罚的往往是极少数屡教不改之徒。对于这极个别的人不仅要罚，而且要重重地罚！奖要心动，罚要心痛。

一句话，激活是常态，制度做兜底。

当我们这样做的时候，当我们持续把这个项目做好、做到极致的时候，你慢慢会发现，过去安全管理中常有的敷衍、对立、指责、抱怨已烟消云散。人性的光芒闪耀在每一位员工的头上，人人讲安全、时时做安全、处处是安全的局面已初步形成。

届时，零事故已不是一个可望而不可即的目标，而是活生生的现实！

本章练习

练练笔：填几个空，安全工作就会有新思路。

通过本章的学习我收获了以下几点：

1.＿＿＿＿＿＿＿＿＿＿＿＿＿＿＿＿＿＿＿＿＿＿＿＿

＿＿＿＿＿＿＿＿＿＿＿＿＿＿＿＿＿＿＿＿＿＿＿＿

＿＿＿＿＿＿＿＿＿＿＿＿＿＿＿＿＿＿＿＿＿＿＿＿

2.＿＿＿＿＿＿＿＿＿＿＿＿＿＿＿＿＿＿＿＿＿＿＿＿

＿＿＿＿＿＿＿＿＿＿＿＿＿＿＿＿＿＿＿＿＿＿＿＿

＿＿＿＿＿＿＿＿＿＿＿＿＿＿＿＿＿＿＿＿＿＿＿＿

3.＿＿＿＿＿＿＿＿＿＿＿＿＿＿＿＿＿＿＿＿＿＿＿＿

＿＿＿＿＿＿＿＿＿＿＿＿＿＿＿＿＿＿＿＿＿＿＿＿

＿＿＿＿＿＿＿＿＿＿＿＿＿＿＿＿＿＿＿＿＿＿＿＿

4.＿＿＿＿＿＿＿＿＿＿＿＿＿＿＿＿＿＿＿＿＿＿＿＿

＿＿＿＿＿＿＿＿＿＿＿＿＿＿＿＿＿＿＿＿＿＿＿＿

＿＿＿＿＿＿＿＿＿＿＿＿＿＿＿＿＿＿＿＿＿＿＿＿

经过对比，我们企业、部门目前安全工作中还存在以下几点不足：

1.＿＿＿＿＿＿＿＿＿＿＿＿＿＿＿＿＿＿＿＿＿＿＿＿

＿＿＿＿＿＿＿＿＿＿＿＿＿＿＿＿＿＿＿＿＿＿＿＿

＿＿＿＿＿＿＿＿＿＿＿＿＿＿＿＿＿＿＿＿＿＿＿＿

2.＿＿＿＿＿＿＿＿＿＿＿＿＿＿＿＿＿＿＿＿＿＿＿＿

＿＿＿＿＿＿＿＿＿＿＿＿＿＿＿＿＿＿＿＿＿＿＿＿

3. _____

_____

_____

在现有条件下，我们立即能做好的是：

1. _____

_____

_____

2. _____

_____

_____

后　记

零事故不是日本企业的"专利"。

因为零事故，因为精细化，我几次或随团或单独去日本研讨、学习。不管是在东京，还是在日本的某一个小城镇，绝大多数国人都会有这样一种感受，似乎人不是已到了国外，而是就身在中国的某一个城市。

不仅仅是街上的标志都是汉字（读音不同），随便看一下也知道大致的意思，更主要的是日本国民普遍具有浓浓的中国文化意识。日本的企业家张口就是老子，闭口就是孔子，一部《孙子兵法》更是被他们使用得炉火纯青！

不是有一句话被大家所共同认可——汉唐文化看日本，明清文化看韩国。

零事故安全管理起源于美国，成体系于日本。其核心思想非常简单，就是只要立足于风险的高效预防，所有事故都可以避免。

其实这绝不是日本人的发明，绝不是日本企业的专利产品，只是日本人的继承与创新。

早在两千多年前，中国古代政论家荀况就说过这样几句话："一曰防，二曰救，三曰戒。先其未然谓之防，发而止之谓之救，行而责之谓之戒。防为上，救次之，戒为下。"

为了避免不足和失败，荀况推介了三种办法：第一，在事情没有发生之前就预设警戒，防患于未然，这叫预防；第二，在事情或征兆刚出现时就及时采取措施加以制止，防微杜渐，防止事态扩大，这叫补救；第三，在事情发生后再行责罚教育，这叫惩戒。

荀况认为，预防为上策，补救是中策，惩戒是下策。

提倡预防，强调防患于未然，这不就是零事故最为核心的理念吗？

关键是日本人把这一句话落到了实处，真正化为了员工的每一个作业动作、每一句作业用语！

我们向日本企业学习安全管理，主要不是学习它的理念、思想，最根本的是学会他们的员工做事的习惯与态度。

零事故是如此，精细化也是如此。

我们看清了、认准了这个理，再像日本员工那样一丝不苟地做好安全工作中的每一点每一滴，零事故就一定不是远景而是现实。

因为方向已找到，还会觉得路途遥远吗？

况且在这个征途中，每一个人都不会觉得寂寞、孤独，因为这里有你、有我、有大家，有我们的相互鼓励、彼此支持！

有什么需要请联系：

邮箱：liushouhong@126.com

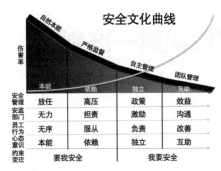
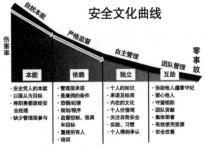

刘寿红经典培训课程

《零事故：安全精细化第一准则》

培训目标

1. 上下、前后、左右立体解读"零事故"

2. 从程序上控制风险——消除作业失误引发的事故，盯住"点"

3. 从流程上控制风险——避免工作在衔接中出问题，立足"线"

4. 从制度上控制风险——杜绝不守规矩导致的后果，管控"面"

5. 员工安全意识构建——填补"点、线、面"百密一疏的不足

课程特点

1. 从企业中来，到企业中去

2. 理念、方法、工具三位一体

3. 激发潜能，增智赋能

课程收获

1. 无事故时预防，有问题后反思、规避

2. 学会构建安全精细管理体系，能够在实际工作中运用

3. 配合企业中心工作，激发士气，凝心聚力